LIBROS SALVAJES

Errata naturae editores

100% SOSTENIBLE
100% RESPONSABLES
100% COMPROMETIDOS

## ASÍ HEMOS HECHO ESTE LIBRO

Salvo casos excepcionales, trabajamos con una empresa papelera que funciona con biocombustibles locales y se abastece de los bosques cercanos, que gestiona de forma estrictamente sostenible. Ha implantado voluntariamente el Reglamento de la Unión Europea de Ecogestión y Ecoauditoría, y WWF la considera una de las fábricas más sostenibles del mundo.

Allí fabrican el papel interior y exterior con el que se ha hecho este libro, con unas emisiones certificadas de 365 kg de $CO_2$ por tonelada de papel: un 50 % menos que la media europea y un 75 % menos que la media española. En otras palabras: uno de los papeles más sostenibles del mercado (además de tener las certificaciones FSC, PEFC, ISO9001, ISO14001 y EU Ecolabel).

Uno de los mayores problemas ecológicos a la hora de fabricar papel (y de hacer libros) es el consumo de agua: la media europea está entre 10 y 15 litros por kilo según la European Enviromental Agency. La fabricación del papel interior y exterior de este libro ha consumido solo entre 3 y 4 litros por kilo de papel.

Queremos eliminar todos los materiales de origen fósil de nuestros libros y de nuestro trabajo. Por eso este libro no está plastificado (si lo estuviera, su tirada habría consumido más de 500 $m^2$ de plástico).

El transporte del papel desde la empresa papelera hasta la imprenta se hace, en buena medida, en trenes de larga distancia, e imprimimos a menos de 300 km de nuestra oficina, todo lo cual nos permite reducir notablemente las emisiones contaminantes.

Una vez fabricados los libros, los envíos que dependen de nosotros se realizan mediante una mensajería con una de las flotas eléctricas más importantes de España (no es perfecto, lo sabemos, pero supone un primer ahorro de emisiones). Además, el 100 % del personal es contratado y cobra un sueldo fijo, no por entregas (algo fundamental para garantizar formas de conducción más seguras para los trabajadores y más sostenibles para el planeta).

Toda la energía utilizada para editar este libro es 100 % energía verde renovable y certificada. Además proviene de una cooperativa de la que nuestra editorial es miembro, de modo que consumimos la energía que previamente producimos en instalaciones solares, eólicas o de biomasa.

Todos los recursos económicos utilizados para editar este libro estaban depositados en la banca ética, y allí llegarán también los beneficios (¡esperemos que los haya!). De este modo garantizamos que este dinero solo revertirá sobre proyectos sostenibles, con un interés social, cultural y medioambiental, sin inversiones en la economía de las energías fósiles.

Si quieres más información sobre estas cuestiones puedes leer el apartado «Compromisos» de nuestra página web o escribirnos a info@erratanaturae.com.

# LOS PONIS DE LOS CONFINES DE LA TIERRA

CATHERINE MUNRO

TRADUCCIÓN DE MANUEL CUESTA

errata naturae

PRIMERA EDICIÓN: octubre de 2024
TÍTULO ORIGINAL: *The Ponies at the Edge of the World*


C/ Sebastián Elcano 32, oficina 25
28012 Madrid
info@errratanaturae.com
www.erratanaturae.com

ISBN: 978-84-19158-84-0
DEPÓSITO LEGAL: M-15599-2024
CÓDIGO IBIC: BM
ILUSTRACIÓN DE CUBIERTA: Holly Ovenden
MAQUETACIÓN: Jorge García Valcárcel
IMPRESIÓN: Kadmos
IMPRESO EN ESPAÑA – PRINTED IN SPAIN

# ÍNDICE

# INTRODUCCIÓN

*Eran las once de la mañana pasadas y el sol apenas empezaba a salir. Encaramado sobre el horizonte, lanzaba rayos de luz dorada contra el paisaje escarchado. La quietud de la noche había dado paso a un fuerte vendaval de componente este, con ráfagas de granizo que ofuscaban la visión a intervalos regulares en rápidas cortinas opacas.*

*Yo caminaba hacia el extremo norte de la isla. Allí el mar podía verse por tres lados. Las olas de blanca cresta avanzaban veloces, rompiendo en la costa rocosa. El viento helado me golpeaba la cara y me envolví mejor en la bufanda sin dejar de aferrar, con mi mano enguantada, el cubo que no dejaba de amenazar con salir volando.*

*Dos ponis de las Shetland —una yegua y una potrilla— se guarecían al socaire de la colina y me miraban avanzar.*

*A pesar de la tormenta que arreciaba en torno a mí, la sensación, mientras iba hacia ellas, era de paz. Muchas otras personas habrán hecho este mismo camino a pie —y bajo esta misma tempestad— llevando pienso para sus animales. Sentí que mis pasos se sumaban a los suyos, separados sólo por el tiempo.*

Los lugares en los que vivimos y los paisajes que amamos son una parte esencial de quienes somos. Capturan nuestra imaginación, estimulan nuestros sentidos y pasan a constituir nuestras experiencias, esperanzas y sueños. Las vidas de otros seres —pasados y presentes, humanos y animales— se introducen en nuestras vivencias a través de los vestigios que dejan: un serbal solitario que sigue ahí para proteger una pequeña granja desparecida hace ya mucho, un sombrero colgado en el poste de una puerta a la espera de que su dueño regrese, unas huellas recientes de cascos equinos junto a un lago... Este libro trata de esos vínculos que se establecen entre las vidas y los paisajes, entre un lugar y el tiempo.

En 2015 partí hacia el norte para instalarme en las islas Shetland, un ventoso archipiélago situado a más de ciento cincuenta kilómetros de la tierra firme escocesa. Vine buscando ponis. La de los ponis de las Shetland es una historia de amor y de supervivencia contra todo pronóstico. Estas islas azotadas por el viento y saturadas de sal, ubicadas en la misma latitud que Groenlandia y sin ningún terreno que llegue a distar del mar más de cinco kilómetros, son una tierra de extremos. Un entorno que ha ido modelando, a lo largo de milenios, a todos los que viven en él. Durante siglos y siglos, los setelandeses dependieron por completo de lo que ellos mismos pudiesen producir en sus campos. Era una tierra, por lo general, de ásperas colinas cubiertas de brezo, expuesta a los elementos y poco apta para el cultivo.

Los ponis llevan formado parte de las vidas y de los paisajes de las Shetland miles de años. Como vivían a la intemperie, fueron evolucionando generación tras generación y haciéndose más pequeños; así les resultaba más fácil conservar el calor en un clima tan extremo. Sus pelajes, crines y colas de invierno se volvieron más tupidos —protegiéndolos frente a los elementos—, mientras que su agilidad y su inteligencia les permitían moverse con soltura en busca de alimento y cobijo. Mantenerlos no costaba mucho y, a pesar de su tamaño, tenían una fuerza increíble, por lo que se convirtieron en un recurso vital para los labradores, transportando por el campo a personas y bienes y llevando a los hogares la turba, la única fuente de combustible para las estufas de las islas.

Las cosas han cambiado en las Shetland desde los días en que los ponis llevaban la turba a las casas de los labriegos. Hoy apenas se utilizan como bestias de tiro y el cultivo de los *crofts* —esas fincas rústicas típicas de las Tierras Altas y de las islas de Escocia— ha dejado de ser, en general, la principal actividad económica de la zona. Así y todo, los ponis de aquella época —en ocasiones individuos con nombres que aún se recuerdan— siguen poblando las historias que me cuentan los criadores. Hoy en día continúan paciendo en manadas por las colinas —como llevan milenios haciendo— y los vecinos procuran preservar, en los que se crían en el archipiélago, rasgos tradicionales que consideran valiosos. Conforme la vida cambia, la adaptación y la innovación se van fundiendo con el mito y la memoria en la medida en que los setelandeses —personas y animales— conservan, todos juntos, su apego y su pertenencia a estos agrestes parajes.

## Ponis

*Miré la hilera de caballos que, saliendo al paso por la puerta —pegado el hocico de uno a la cola del siguiente—, enfilaban el camino flanqueado de árboles. Cuando el sonido de sus cascos se desvaneció en la distancia, sentí que rodaban por mis mejillas lágrimas de contrariedad y frustración.*

*Entre semana, atrapada en asfixiantes aulas en las que me abstraía viendo bailar el polvo en los haces de sol y me distraían de las palabras del profesor ensueños de caballos, me pasaba los días anhelando ese momento, que era cuando tenía la ocasión de montar. Iba todos los sábados y domingos: cepillaba a los animales, acarreaba agua, me encargaba de labores extenuantes hiciera el tiempo que hiciese... con la esperanza de poder unirme a una excursión si quedaba un hueco libre. Pero la última de aquel día acababa de salir sin mí.*

*Volví a la cuadra y me senté con Max, un viejo poni gris de las Tierras Altas escocesas a quien tampoco se habían llevado. Apoyando en mi hombro su cabeza, me hizo ver que él estaba a mi lado. El olor, el suave tacto de su hocico y su cálida respiración colmaron mis sentidos. Le pasé la mano por el cuello —sacándole las hebras que le quedaban del pelaje invernal— y movió la cabeza despacio, mordiéndome ligeramente la chaqueta y devolviéndome las caricias.*

*Como allí no podía oírnos nadie, me puse a hablar con él, susurrándole inquietudes a las que, hasta ese instante, no había conseguido poner palabras. Él me escuchó paciente y nuestros mundos se fundieron: sentí que me entendía. Con la misma claridad que si me hubiese respondido en mi propio idioma, me dijo que estuviese tranquila, que los momentos complicados pasarían y todo volvería a marchar bien. Una confortación, aquélla, que yo necesitaba con desesperación, pero rara vez recibía. Quizá porque no la sabía pedir...*

Yo entonces no era consciente del enorme impacto que ejercería sobre mí ese amor infantil por los caballos. No sabía hasta qué punto esos fines de semana serían en el futuro parte de mí, hasta qué punto conformarían mi mente, mi cuerpo y el rumbo de mi existencia. Cada vez que el viento trae olor a estiércol de caballo cociéndose al sol estival, me embarga una felicidad profunda; y el dulce aliento herboso de un hocico equino de suaves vibrisas me relaja de inmediato. Antes de que mi cabeza haya procesado siquiera el estímulo, mi organismo responde.

Ahora bien: si esto ocurre con un amor forjado en fines de semana y veranos de hace ya mucho tiempo, ¿qué efectos no tendrá otro más duradero, mantenido a lo largo de generaciones de vidas compartidas —humanas y equinas— en las que el amor se imbrica con la historia del lugar, se entrevera con el paisaje y vuela con el viento? Ésa es la clase de amor que descubrí en las Shetland, donde, en el confín del mundo, los seres humanos y los ponis crean juntos un hogar.

## El viento

*Caminaba con la mirada fija hacia delante, sin reparar en los detalles de los escaparates ni en los rostros a mi alrededor. Un entorno de hormigón gris, el sonido incesante del tráfico: un nuevo día, poco cambio. Mientras aguardaba para cruzar una ajetreada calle, una ráfaga de aire me sacudió el pelo. Esperando un momento de alivio, volví la cara... pero sólo recibí silencio. El viento no tenía nada que decirme. Estaba separada de él, y él de mí. Sorprendida ante aquel pensamiento seguí caminando, intentando averiguar qué sentido podía tener lo que acababa de pensar. ¿Qué era eso que debería haberme dicho el viento? ¿Y cómo me lo debería haber dicho?*

*Era mi primer paseo por Glasgow desde mi regreso tras una semana en las Shetland, que habían impactado en mí como una fuerza física. Caminando por los elevados acantilados de la isla —donde el viento transportaba historias sobre lugares invisibles, intangibles, efímeros—, me había sentido conectada con la tierra, con el mar y con el cielo, experimentando un despertar de mis sentidos. El aire cargado de sal llevaba en suspensión recuerdos, la sensación de un saber olvidado, fugaz e inasible.*

*Parada frente al viento silencioso de Glasgow, comprendí que de algún modo, en algún lugar, había perdido el rumbo, me había extraviado, había abandonado los senderos y los espacios que amaba. Sentí la llamada de las Shetland... y en aquel preciso instante dio comienzo un lento e imperfecto viaje en busca de mi hogar.*

Mi infancia estuvo repleta de historias del norte. Mis abuelos maternos eran de las islas Orcadas y mi madre pasó allí la mayoría de sus veranos. Me hablaba de su amor profundo por el mar y de que, por ser mujer, sus mayores pensaban que su presencia en una embarcación daba mal fario. Las escasas ocasiones en que le permitían unirse a la pesca —a ella, como a Jonás[1]— estaban entre sus recuerdos más felices: días de descubrimiento, con pájaros sobrevolando su cabeza y peces atisbados por debajo. Siempre decía que yo estaba conectada con el mar, igual que ella; y muchas veces me he preguntado si no tendría razón, porque junto al océano es cuando más en paz me siento —más yo misma—. Mi padre vivió varios años de joven en las Shetland. Trabajaba con búhos nivales en la isla de Fetlar, y crecí con sus recuerdos de la luz interminable de noches de verano en las que inmensas aves blancas se lanzaban en picado desde el cielo o los de unos serios ornitólogos que habían de bregar con Old White Face[2], un poni sumamente tozudo. Yo fui a las islas por primera vez cuando tenía tres años, y allí nos quedamos mucho más de lo previsto porque mamá se cayó y se hizo polvo la rodilla en la remota Papa Stour. Mientras convalecía en el hospital Gilbert Bain, exploré la zona con papá en un verano repleto de aves marinas, flores silvestres y ruinas antiguas.

Cuando invitaron a una boda en las Shetland a Steve —mi marido—, estaba ansiosa por volver. Apenas aterrizamos en el aeropuerto de Sumburgh, me impactó la increíble sensación de presencia —de historia— visible en el paisaje, viva en las conversaciones del viento. Aquello me resultaba familiar y extraño al tiempo; me suscitaba entusiasmo y también paz. La boda no fue como ninguna otra a la que hubiese asistido antes: dos días de festejos en los que participaron parientes, amigos y el resto de la

[1] Véase, en la Biblia, el Libro de Jonás, 1, 4-15, concretamente el versículo 7: «Y dijeron cada uno a su compañero: "Venid y echaremos suertes para saber por quién nos ha venido este mal". Y echaron suertes y la suerte cayó sobre Jonás». (Todas las notas son del traductor salvo que se indique lo contrario).

[2] O sea, con el «Viejo Carablanca».

comunidad. Aunque yo llegaba de fuera, me acogieron como a una más. Al fin, la semana terminó y tocaba regresar a Glasgow. Abrumada por una intensa tristeza, lo último que deseaba era subirme a ese avión.

Las Shetland se consideran una especie de tierra de nadie, conectada con Gran Bretaña y a la vez separada de ella. En un principio, pertenecieron al Imperio nórdico, periodo que muchos consideran feliz, una época dorada de prosperidad en la que se sentaron las bases de la cultura setelandesa. Las relaciones con Escocia, por el contrario, son algo ambiguas. En 1469, el rey de Dinamarca empeñó las Orcadas y las Shetland porque carecía de dinero para la dote de su hija. Y, como nunca liquidó su deuda, ambos archipiélagos pasaron a pertenecer a Escocia. El Gobierno escocés, de naturaleza colonial, impuso allí a sus *lairds*, que explotaron la tierra y la mano de obra de su nuevo territorio[3]. La capacidad de los nativos para sobrevivir a aquella opresión sin perder su cultura sigue celebrándose como ejemplo de un carácter setelandés que aún se mantiene.

Esta identidad vikinga no se ha perdido. Las palabras y el imaginario nórdicos aparecen por doquier: desde en los nombres de las calles, las casas y las embarcaciones, hasta en las fiestas del fuego que iluminan las oscuras noches invernales. Y del mismo modo que proliferan barbas y hachas[4], brillan por su ausencia el tartán y los cardos. En las Shetland, tales símbolos escoceses suelen considerarse irrelevantes, provenientes de un pasado distinto del suyo o incluso recordatorios, a veces, de una usurpación no deseada. Cuando se colocaron en las islas carteles con esa planta estilizada que es el logo de la agencia turística del Gobierno escocés, VisitScotland, los vecinos dejaron clara su postura con

[3] El término *laird* designa al terrateniente o hacendado escocés. Es la forma escocesa de lo que en inglés se denomina *lord*.

[4] Es decir, símbolos nórdicos o vikingos.

respecto a él. En un lugar por lo demás libre de grafitis, hoy pocos carteles quedan en los que no hayan borrado la imagen cubriéndola con pintura de aerosol.

No paro de pensar en la llamada de las Shetland, en cómo una visita de una semana dejó tal huella en mí, hasta el punto de que cambió el curso de mi vida por completo. Los setelandeses dicen de estas islas que son parte de ellos, que las llevan en la sangre y que, vayan adonde vayan, siempre serán su hogar. El paisaje, los animales y la historia se entrelazan en el tejido mismo de su identidad. Algo, en verdad, muy diferente de todo lo que yo había experimentado a lo largo de mi vida: mis padres y mis abuelos habían llevado existencias errantes, trasladándose por Escocia sin quedarse, por lo general, una larga temporada en el mismo sitio. Cuando alguien me pregunta dónde considero que está mi hogar, nunca sé bien qué responder.

La provisionalidad fue un elemento constante en mi niñez. Con once años, me había mudado seis veces y había cambiado de colegio tres. En las casas de mis amigos, me asombraban las señales que constataban que llevaban años viviendo bajo el mismo techo: muebles fabricados por los abuelos, rayas que marcaban el crecimiento de los niños en las jambas de las puertas... Vestigios que mi familia jamás dejaba.

Mis sentimientos con respecto a este movimiento incesante —este desarraigo— oscilan entre un hondo anhelo de raigambre —y de los tipos de familiaridad y seguridad que éste me ofrecería— y la desazón que me provoca un deseo de viajar, de conocer mundo, el miedo a verme atrapada. Y, con todo, ahí estaba: viviendo en una ciudad, bregando por encontrar un empleo que no consistiese en contratos temporales precariamente retribuidos. Aquello no era lo que esperaba. Había estudiado Antropología en la universidad, especializándome en áreas de protección medioambiental y en el conflicto entre la conservación de la naturaleza y otros usos del paisaje. Y albergaba la esperanza de dedicarme a ese ámbito tras licenciarme, pero carecía de la experiencia laboral necesaria, y el dinero que debía por el préstamo de mis estudios supuso —sumado al alto costo de la vida— que me resignara a aceptar lo primero que me ofrecieran. Mi primer empleo estaba mal pagado y era temporal, cosa que, en un principio, tampoco me preocupó en exceso. Sin embargo, a medida que los meses fueron convirtiéndose en años, la situación se me iba haciendo cada vez más difícil. Dediqué buena parte de mi tiempo libre a labores de voluntariado, con la intención de mejorar mi currículum. Aunque tuve la suerte de dar con un trabajo que me gustaba —para una organización que ayudaba a las personas sin hogar—, mi contrato con ellos se renovaba trimestralmente. El alivio que me suponía cada renovación no tardaba en disiparse, pues, aun a sabiendas de que me iban a prorrogar el contrato, pasaba semanas en paro o sin cobrar mientras arreglaban el papeleo. Empezaba a sentirme ansiosa, atrapada. Sin la menor garantía de que fuese a poder pagar siquiera el alquiler del mes siguiente, me resultaba imposible hacer planes. Me acercaba a los treinta y esperaba formar una familia en algún momento, pero, en tamaña incertidumbre, la idea no parecía viable en absoluto. Sólo los fines de semana en que cogía la tienda de campaña y hacía pequeñas escapadas para caminar por las colinas y la costa era feliz. Aquel instante y aquella ráfaga de viento me advirtieron de que, a pesar de todo, con eso no bastaba: algo tenía que cambiar.

Por esa época volví a leer *The Perception of the Environment* [La percepción del entorno], de Tim Ingold, donde el autor afirma que «el paisaje, a través de nuestra vida en él, pasa a ser parte de nosotros, al igual que nosotros formamos parte de él». La belleza de este pensamiento me animó a buscar más libros sobre los vínculos profundamente sociales —y recíprocos— que los humanos establecen con paisajes y animales. Las descripciones de mundos cocreados a partir de relaciones cotidianas me hicieron pensar en mis propias conexiones cambiantes con el entorno, con el espacio. En mi niñez, hablaba a plantas y animales, la contemplación de la naturaleza despertaba en mí alegría y asombro, exploraba playas y bosques... Y me sentía en casa a pesar no vivir siempre en un mismo sitio. Y aunque no me había percatado de que aquellas relaciones se desvanecían, lo habían hecho, y la naturaleza se había convertido en un lugar al cual yo iba de visita, había dejado de ser mi hogar. ¿Acaso era que me había hecho mayor y el proceso de convertirse en un adulto requiere distanciarse de una naturaleza íntima? ¿O me había apartado, en realidad, de una parte esencial de quien yo era? De ser así, había sido un proceso gradual; apenas lo había percibido hasta que sentí esa intensa conexión con las Shetland.

La vida siguió su curso en el marco de la rutina acostumbrada... pero un plan empezó a cobrar forma. Yo pensaba que quizá un día retomaría la universidad, y ahora me daba cuenta de que un modo de compatibilizar mi deseo de volver a las Shetland y las preguntas sobre nuestras relaciones con la tierra era comenzar un doctorado. Me llevé una alegría enorme cuando la Universidad de Aberdeen aceptó mi solicitud, a pesar de que no conseguí financiación. Tenía la posibilidad de postergar mi proyecto hasta el año siguiente, o ponerme con ello de inmediato y trabajar para mantenerme mientras encontraba el dinero. En el fondo sabía que no podía esperar. Notifiqué mi decisión a mi jefe y a mi casero y, acompañada por Steve, me mudé a Aberdeen. Volviendo la vista atrás, la decisión de mudarme estando en paro, sin recursos económicos y sin garantía de ninguna de ambas cosas en un futuro próximo parece de una temeridad increíble, pero yo sentía una absoluta certidumbre de que era lo que debía hacer y de que todo iba a salir bien.

Conseguí presentar los trabajos de los cursos y las solicitudes para la financiación de mis investigaciones y compaginé mis estudios con un empleo de turno de noche, febril combinación de falta de sueño y cafeína. El agobio aumentó cuando rechazaron mi petición, igual que les sucedió a otros compañeros de talento, y me percaté de lo difícil que resultaba obtener una beca. Sin una ayuda monetaria no me quedaría otra que abandonar: ya solamente la matrícula de la universidad costaba miles de libras, y un doctorado exige una dedicación que no podría prestarle si tenía que trabajar para cubrir mis necesidades básicas y el traslado. Aun así, cuando caminaba por la calle, consciente de la presencia del mar, y pensaba en las islas, sentía que por fin había enfilado el buen camino.

Por suerte, hacia el final de ese año obtuve por otra vía una beca completa para mi propuesta de investigación sobre los ponis de las Shetland. Al recibir la noticia, la gratitud y la emoción me cortaron el aliento: se hacía realidad mi sueño de regresar a aquellas tierras, y además pasaría mi tiempo entre mis queridos ponis. Mi puesto de doctoranda estaba asignado al proyecto Arctic Domus del Departamento de Antropología, un equipo multidisciplinar que se ocupaba de repensar el concepto de domesticación a través del análisis de las relaciones entre humanos y animales en los países nórdicos.

Tradicionalmente, la domesticación se ha entendido como un punto de la historia en el que el ser humano se hizo con el control sobre los animales y los paisajes. A menudo se asocia a una separación de las personas frente a la naturaleza, que queda mercantilizada. Si antaño tal cosa se celebraba como muestra del salto de nuestra especie a la civilización, hoy no pocos elementos de dichas relaciones se consideran nocivos. La explotación y la violencia de la agricultura industrial infligen un daño inimaginable a los ecosistemas, reduciendo la biodiversidad y acelerando el cambio climático. Esos procesos también nos están causando perjuicio a nosotros, ya que están convirtiendo a la naturaleza en meros recursos y beneficios en vez de en algo que ha de ser comprendido y respetado, algo a lo que hay que amar… y que tal vez sepa corresponder a nuestro amor.

El hogar que describo en estas páginas —un apego o una pertenencia creados por los vínculos entre las personas, los ponis y el paisaje en las Shetland— es un sitio concreto y específico. Pero resulta que vivimos en un mundo interconectado y que el modo en que establecemos nuestro hogar afecta nada menos que al planeta que habitamos.

Si nos convertimos en quienes somos por lo que compartimos con otros, silenciar tantas relaciones potenciales —las que se mantienen con los paisajes y con los animales— nos deja aislados, separados de los espacios en los que vivimos, en vez de conectarnos a la gran vida en curso, en construcción. Por ese motivo yo quería aportar una perspectiva diferente sobre la domesticación y el sentimiento de apego, de pertenencia, sobre un hogar cocreado con los animales —basado en el amor, el respeto y la gratitud— y en el cual los criadores de ponis de las Shetland están generando activamente, con sus prácticas, posibilidades de existencias compartidas. En los veranos al aire libre conviviendo con potrillos que serán la próxima generación de ponis y en los inviernos en que los vientos traen tanto historias de supervivencia antigua como esperanzas para futuros desconocidos, esta tierra pasa a formar parte del cuerpo y de la mente de sus pobladores. Son vínculos sociales y recíprocos. Con su amor, con sus maneras de percibir la naturaleza cada día, las personas inciden en el territorio y en los animales, y se sienten correspondidas a través del paisaje, que es su casa.

Cuando sabemos cómo mirar, escuchar y responder a las vidas que nos rodean, nuestro entorno se convierte en un lugar con más amor y mejor compartido. Para que la tierra, el mar y el cielo nos digan algo, tenemos que aprender a escucharlos. Cómo hablar de —y con— ellos afecta al vínculo que establecemos, determinando qué conversaciones son posibles y transformando los mundos que habitamos. Yo no llevo las Shetland en la sangre, esta tierra no alberga la memoria de las generaciones de mi familia. Sin embargo, en cuanto emprendí mi nueva vida aquí, la conexión con ellas fue instantánea. Cobré conciencia enseguida de que el hogar no es un mero emplazamiento, sino un viaje. Aun para quienes hayan encontrado el suyo, para quienes hayan identificado dónde está y qué es —hundiendo incluso sus raíces en generaciones y generaciones de ancestros—, ese viaje nunca se acaba. Estar en casa es, pues, una relación, una manera de ser, un acto de comunicación y reciprocidad en curso. Es algo que se crea —y se recrea— viviendo.

## Ponis
(Robin Munro, 1973)

Pero has de volver a las Shetland
para encontrar el auténtico linaje.
Sus rodillas se debilitan en Francia
y en los prados de Suffolk.
Degeneran.

Necesitan el viento constante,
el aire del *scattald*[5], el descarnado
bocado de páramo
arrancado de la piedra
con sabor a flores,

y un latigazo de sal —un «vikingo» de fuerza cinco[6]—
para ponerlos en marcha.

Se parecen al fuego en que no hay quien los retenga.
Pero se distinguen del fuego en que pronto quedan satisfechos
en una geometría diferente,
en un sabor primigenio
y en un mismo viejo mundo.

[5] El *scattald* es un tipo de terreno de este archipiélago que suele usarse para pastos y para extraer turba.

[6] Se refiere al viento o a un viento de las islas Shetland. La «fuerza cinco» presupone la escala de Beaufort para la intensidad del viento, véase por ejemplo la p. 33: «El aire estaba en constante movimiento: jamás bajó de una fuerza cinco durante mis primeras semanas en la isla».

## 1
## LA LLEGADA

Miraba por el parabrisas las olas que golpeaban, una tras otra, el capó de mi coche. El mar se alzaba y se henchía a mi alrededor; el olor a sal y a aceite de motor penetraba en el interior, acrecentando mis náuseas. El ruido del ferri se me antojaba desproporcionadamente fuerte, un sonido revolucionado y ronco que reverberaba por mi cuerpo. Mientras la embarcación zangoloteaba entre los tumbos, yo miraba de reojo —con inquietud— a los demás vehículos. Nada los sujetaba a la cubierta; nos habían dicho que nos limitáramos a aparcar y echar el freno de mano. Ya en la terminal, nada más ver el *Hendra*, deseé que no fuera el que llevaba a la isla. Con su casco azul oscuro, su timonera blanca y su chimenea de color rojo brillante, parecía un barquito de juguete en mitad del mar embravecido.

Rodeada de cajas de ropa y libros, con buena parte de mi asiento invadida por las ramas de un frondoso tiesto, me preguntaba dónde me había metido. Era la primera vez que Steve y yo hacíamos la travesía al que iba a ser nuestro nuevo hogar, la isla de Whalsay, y yo temí que tardaría un poco en acostumbrarme al trayecto, el único modo de llegar hasta ella. Nunca había imaginado que acabaría en una de las islas pequeñas del archipiélago. Sin embargo, cuando empecé a mirar casas de alquiler en Mainland —la más grande de las Shetland—, descubrí que casi todas estaban ocupadas por trabajadores temporales de un gaseoducto que estaban construyendo. Me preocupó que no pudiéramos permitirnos ninguna de las que se anunciaban. Afortunadamente, un criador de ponis con el que había estado chateando me puso en contacto con una persona que tenía una disponible en Whalsay, cuyo precio era más que razonable. De todas formas, como no conocía la isla, hice una búsqueda rápida en Google. Me enteré de que tenía una población de unas mil personas, poco más de tres kilómetros de ancho y que estaba a media hora en ferri desde Mainland. Ante las fotos de sus espectaculares costas y de sus campos de flores silvestres, no me costó entender por qué la llamaban Isla Bonita (*Bonnie Isle*). Aunque el servicio de transporte funcionaba bien, sabía que estar lejos de muchos de los criaderos de ponis y trabajar sujeta al horario de los ferris iría en detrimento de la espontaneidad del trabajo de campo. Pero como no había más opciones de alojamiento asequibles, me quedé con ésa.

El ruido del motor se intensificó —parecía un quejido— y el agua que nos rodeaba se agitó cuando, a una velocidad alarmante, viramos ciento ochenta grados. Al mismo tiempo, la popa se abrió despacio, revelando el puerto en el que nos disponíamos a atracar. Por una de las puertas apareció un joven vestido con ropa fosforita y, bregando con el viento, avanzó a toda prisa hacia la popa. Una vez fijada la rampa para desembarcar, señaló el coche que estaba detrás del nuestro, que salió con suavidad de la nave. Ahora nos tocaba a nosotros. La irregular textura metálica por la que se desplazaban las ruedas dejó paso a un suelo liso. Estábamos en tierra firme. Quería aparcar para recobrarnos un poco del trayecto. El área portuaria era mayor de lo que esperaba. Resguardado por el muelle había un puerto donde oscilaban coloridas embarcaciones. Del otro lado, un ancho rompeolas de hormigón penetraba en el mar. Amarrados con gruesas maromas divisé los pesqueros más grandes que había visto en mi vida: el *Zephyr*, el *Serene* y el *Charisma* —azul, rojo y amarillo, respectivamente—, tres arrastreros pelágicos de varios millones de libras operados por familias isleñas. Las casas que rodeaban el puerto subían, desperdigadas de cualquier manera, por la ladera. Había ovejas en los prados, pero la única persona a la vista era el tipo del ferri, que seguía en la misma posición, haciendo señas a la fila de coches que embarcaban para ir a Mainland.

Introduje la dirección en el GPS, ignorante aún de cuán inútil resultaría en las Shetland aquel dispositivo. Tras un minuto conduciendo, las viviendas se alejaban entre sí, la fila de farolas desaparecía y la carretera se estrechaba. Íbamos por una vía de un solo carril que avanzaba serpenteando por la isla, siguiendo más o menos la línea de la costa. Las edificaciones con las que nos topábamos se agrupaban en cúmulos de cuatro o cinco. Detrás de las vallas, en amplias extensiones salpicadas de pequeños lagos, pacían las ovejas. Aunque faltaba poco para mediodía, el sol estaba bajo y proyectaba largas sombras por el paisaje, como si estuviese atardeciendo. Las colinas, cubiertas de brezo, eran un versátil caleidoscopio de tonalidades terrosas. Los resplandecientes rojos —como óxido— de este arbusto se fundían con el marrón oscuro de la turba que quedaba al descubierto, así como con los tonos verdes y dorados de la hierba invernal. Al no haber árboles, se abarcaba con la mirada la amplitud del cielo, en constante transformación por los fuertes vientos que barrían la tierra y el mar.

«Has llegado a tu destino», anunció la voz incorpórea del navegador cuando coronamos la cresta de una loma.

A nuestra izquierda, a lo largo de una franja de terreno entre un lago y el mar, se alzaban varias construcciones dispersas. Consulté el mapa trazado a mano que nos había mandado nuestro casero y que incluía detalles sobre los moradores de cada casa, como los nombres y las relaciones entre sus ocupantes. Dando por buena la indicación del GPS, probé a dirigirme a una casa revocada con cemento y guijarros y llamé. En vano. Recordé entonces que nos habían dicho que no echarían la llave, así que tanteé el picaporte y, en efecto, la puerta se abrió. Me recibieron varias filas de botas de agua y chaquetas colgadas con esmero de varios ganchos. De pronto, consciente de que me había equivocado con la dirección, me apresuré a retroceder y, con la esperanza de que no hubiese testigos de mi indiscreción, lo intenté con la siguiente casa. Salió a abrir de inmediato una señora bastante acicalada. «Vosotros debéis de ser los nuevos», nos recibió. «Estáis buscando la casa de Margaret y Willie, está un poco más adelante, por la carretera».

Después de avanzar un poco más, atisbé, acurrucada entre otra loma, un lago y una cala rocosa, una aldea. Se trataba de Vevoe, nuestro futuro hogar. De pie, junto a la puerta de una de ellas, nos esperaba una señora mayor con la espalda bien erguida a pesar del viento. Nos dio la bienvenida con una sonrisa y nos invitó a entrar. Tomamos asiento en su cálida cocina, donde se presentó como Ina, la tía de nuestro casero. Se interesó por nuestro viaje y al rato se nos unió Robbie, su hermano, que vivía con ella.

«*Toy*?», preguntó. Yo me había preparado para el dialecto de la isla, tan rico y peculiar que había adquirido una especie de estatus legendario dentro de las Shetland —y no sólo—, pero de repente, a la primera de cambio, me veía perdida. Mi confusión debió de ser tan evidente que la mujer me volvió a preguntar (ya un poco más alto): «*Toy*? ¿Te apetece una taza de *toy*?».

*Toy*... *Toy*... ¿Té? ¡Claro! ¡Qué tonta! ¡Té![7] Me apresuré a responderle que con mucho gusto y traté de prestar más atención a su conversación con Robbie. Con un poco de concentración,

[7] En lengua inglesa, «té» se dice *tea*; pero parece que en el dialecto de las Shetland —o al menos en la isla de Whalsay— dicen *toy*. La perplejidad de nuestra autora podría deberse al hecho de que, en inglés canónico, *toy* es «juguete».

aquel acento cantarín y musical me resultó más fácil de comprender e identifiqué las voces dialectales del diccionario setelandés que me había estudiado antes de mudarme. Tardé en percatarme de que Ina y Robbie estaban haciendo lo que allí llaman *knapping*, es decir, adaptar su lenguaje habitual para nosotros.

Robbie nos contó que, no hacía tanto tiempo, se sabía de qué parte de la isla era alguien sólo por su acento. Ahora que un mayor tránsito de ferris facilita el movimiento por el archipiélago, estas distinciones tan sutiles se han perdido. Aun así, a grandes rasgos es todavía posible averiguar de dónde procede una persona por las palabras que utiliza. Ambos se interesaron por el motivo que nos había llevado allí. Robbie describió luego a los ponis que habían formado parte de la vida de la isla: algunos se usaban para transportar turba —los de la zona de las colinas— y otros se encargaban de repartir los pedidos de la tienda. Nos explicó que quedaba aún gente que los conservaba para la cría, y que los niños que montan bien se llevan ponis al sur para competir en carreras. Los hermanos no se ponían de acuerdo sobre a quién era mejor que yo fuese a ver antes para aprender más cosas sobre los animales de las Shetland.

Fuera, la cálida luz adoptaba los tonos anaranjados del atardecer.

«Estamos prácticamente en la época más oscura del año», dijo Robbie. «En pleno verano, sin embargo, se puede leer el periódico fuera a medianoche». Sólo entonces nos dimos cuenta de que estaba a punto de anochecer y aún no habíamos estado en nuestra casa, conque nos despedimos y nos dirigimos a la puerta de al lado: nuestro nuevo hogar.

Yo sabía que, salvo si vivían en Lerwick[8], los setelandeses rara vez cerraban con llave sus viviendas. Y, como queríamos parecer

[8] Es decir, en la localidad más poblada del archipiélago, la cual se halla en la mencionada isla de Mainland.

forasteros, habíamos decidido imitarles. Sin embargo, por pura costumbre, cuando franqueamos la puerta de la nuestra, Steve lo hizo. Instantes después, escuchamos un forcejeo y un golpe seco: el ruido de alguien que, acostumbrado a entrar sin más, había girado el picaporte y... se había dado de bruces con la puerta. Muerta de vergüenza, corrí a abrir, improvisando una disculpa (me preocupaba que estuviésemos causando una mala impresión, siendo sólo el primer día...). Expliqué a toda prisa a nuestro visitante que aquello era un hábito de la ciudad, pero que enseguida nos acostumbraríamos a las maneras de allí. Él no parecía en absoluto molesto. Se rio y nos advirtió que no cerráramos tampoco el coche en el ferri, porque la menor sacudida haría que saltase la alarma y volviera loco a todos sus ocupantes. Añadió, además, que ellos no lo cerraban ni aunque llevasen armas en el maletero. Yo me reí con él... y preferí pensar que eso último lo decía en broma.

Cuando se marchó, inspeccioné la casa. Acostumbrada al mobiliario neutro de los pisos de alquiler de las ciudades, aquí tenía la sensación de estar recorriendo una casa ocupada, como si los verdaderos habitantes se hubiesen ausentado sólo por unos días y fuesen regresar en cualquier instante. Las paredes estaban decoradas con un papel pintado de intrincado dibujo, y los techos con uno blanco con relieve. En los aparadores había platos y cuencos con motivos florales, latas de *blend* de té escocés con tornillos, bombillas o velas y, dentro del ropero, un juego de cestas con etiquetas donde habían escrito, con bolígrafo negro, BURRA[9]. Había también cuadros de barcos y de paisajes de las Shetland, así como una gran fotografía enmarcada de un búho posado en el sofá del cuarto de estar. Atrajo mi mirada una luminosa escena de tonos verdes y azules que enseguida reconocí como una vista aérea de Vevoe: los puntitos de las casas eran

[9] *Burra* es el nombre de una pareja de islas de las Shetland.

diminutos en la vasta extensión de colinas y mar. No acaba de creerme que estuviésemos allí...

A la mañana siguiente, deshice el equipaje hecha un manojo de nervios. Me acercaba a la ventana a cada rato para contemplar aquella vasta extensión de mar y cielo. Al final, decidí que las labores prácticas podían esperar y salí a dar una vuelta, ansiosa por descubrir mi nuevo hogar. Nada más salir me topé con un jardín bordeado de arbustos sin hojas que supuse de la especie *Rosa rugosa* (no me venía a la cabeza otra capaz de medrar así en una ubicación tan expuesta). En los vestigios de lo que habrían sido lechos de flores o franjas de huerto había crecido una tupida alfombra de enmarañada hierba pajiza. Seguí la senda hasta una puerta de madera y caminé hacia el mar. La playa, una medialuna de piedras en el abrupto litoral rocoso, quedaba a pocos metros. Soplaba una brisa helada que parecía atravesar las capas de ropa, calándome los huesos. El agua estaba tranquila y tan clara que se distinguían los guijarros del fondo, desdibujando la división entre tierra y mar, siempre en movimiento. Detrás de mí, habían construido un talud de piedras más grandes, sin duda para proteger las viviendas del embate de unas olas que, en ese momento, resultaban inconcebibles.

En un lado había una zona de terreno áspero y brezoso, vacío salvo por unas pocas ovejas que pacían desperdigadas por el paisaje. Al aproximarme reparé en que eran muchas más de las que había creído en un principio. Sus colores —marrones, dorados, grises y negros— se fundían a la perfección con la ladera. Parecían igual de salvajes que aquel terreno y, cuando me aproximé, huyeron para después reunirse en un punto más alto y vigilarme desde allí. Más arriba, un cuervo volaba en una suerte de danza de bienvenida, haciendo visibles las corrientes y los torbellinos del aire. Graznaba con una voz suave y musical cuya cadencia me recordó al dialecto de la isla. Me pregunté si las aves tendrían acentos...

«Hola», dije, primero en mi cabeza y luego en alto; y el viento se llevó mis palabras.

Cuanto más me alejaba, más mojado estaba el suelo, en el que además se abrían las hondas zanjas que se habían excavado para extraer turba. Algunos de los taludes más antiguos comenzaban a desmoronarse, aunque había otros más recientes. Varios lagos jalonaban la ladera a intervalos irregulares. Sus aguas eran del color marrón oscuro de la turba; sus superficies, trémulas y ondulantes. Aparte de un par de cisnes cantores —pasmosamente blancos en contraste con el día, que se iba oscureciendo—, no atisbé más señales de vida. Regresé a la carretera para dirigirme al extremo norte de la isla, y de golpe cobré conciencia de la presencia del mar en torno a mí, rodeándome. El viento traía consigo el ruido de las olas, acercándome a las arremolinadas filigranas de luz y espuma que bailaban en el horizonte. Una serie de vallas dividía esta estrecha tira de terreno en un puzle de campos asimétricos. Cerca de la costa, distinguí algunas ovejas y gansos cuyos vellocinos y plumas ondeaban al viento.

A lo largo de los siguientes días, conocí a más vecinos. La casa que habíamos alquilado se integraba en un cúmulo de cinco. Vivíamos en la que en su día había sido de los padres de nuestro casero, y las otras cuatro pertenecían a las tías, los tíos y las sobrinas de éste. También me enteré de que aquel formato urbanístico y familiar era corriente en la isla (muy distinto del modelo de hogares autocontenidos o sin interrelación de las ciudades…). Me preocupaba que nos considerasen intrusos, una incorporación no deseada a la vida social del lugar; pero lo cierto es que, desde el primer momento, todos nos acogieron con calidez y amabilidad. Nada más llegar ya nos habían invitado a la celebración de un decimoctavo cumpleaños y a la boda de un vecino. La gente se paraba a charlar con nosotros y nos contaba historias sobre la zona y los anteriores habitantes de nuestra casa, todas ellas repletas de amor, buen humor y picardía. En más de una ocasión, hablando del cobertizo de nuestro jardín, nos dijeron: «Por aquí lo llamamos Chernóbil. Os aconsejo que no entréis...».

Luego supimos que en un momento dado se había desatado allí un incendio, a pesar de que su dueño insistía en que no contenía nada inflamable (posteriormente trascendió que estaba «lleno a reventar» de heno y aceite de motor...). Con cada nueva anécdota —o, mejor dicho, con cada vieja anécdota repetida por una persona nueva—, me sentía más conectada con la casa y con aquellos que, antes que yo, la habían considerado su hogar. Las diversas excentricidades que encontrábamos en la decoración o en la instalación eléctrica contribuían a fomentar esa sensación de familiaridad. De hecho, las casas arracimadas en mitad del paisaje agreste acabaron siendo para mí redes de conexión y pertenencia.

En esas semanas iniciales no dejaba de asombrarme el carácter siempre volátil de las condiciones meteorológicas y la luz. El sol se mantenía cerca del horizonte y, en días claros, infundía en el aire una tonalidad dorada, como si estuviéramos suspendidos en un atardecer perpetuo. El aire estaba en constante movimiento: jamás bajó de una fuerza cinco durante mis primeras semanas en la isla. Las nubes, bien cargadas y próximas a la tierra, dejaban tras de sí fugaces arcoíris en su apresurado vuelo. No era raro que empezara granizar de repente con el cielo claro porque el viento se encargaba de traer de bien lejos pedruscos helados que rebotaban y se desperdigaban para derretirse luego en el suelo mojado. El mar era un crisol de tonalidades que variaban desde el gris hasta el azul y el verde, y las olas de blanca cresta bailaban al son del ritmo que les marcaba el cielo. Aquel mundo viviente me daba fuerzas y me estimulaba, aunque las bajas temperaturas pesaran... Antes de salir me preparaba con varias capas de ropa, prendas interiores térmicas, chubasquero, gorro y guantes, pero, en cuanto soplaba viento del norte —con la consiguiente granizada horizontal—, el frío me cortaba la cara como un cuchillo (y me dejaba unos dolores de cabeza que podían durar horas…). Entonces me calaba bien el gorro y me tapaba la nariz y la boca con la bufanda, que me retiraba a toda prisa si me cruzaba con alguien.

Cualquier conversación incluía una pregunta sobre qué me estaba pareciendo el lugar. ¿Me gustaba? Me habría encantado responder que me parecía mágico, que caminar entre el viento, la tierra y el mar me había convencido de que los cuentos populares de misterio —y de vidas y mundos escondidos— eran ciertos. Hubiese querido decirles que su tierra me transmitía placidez y me vivificaba; que, a pesar de que nunca había estado allí, era como si ya la conociera. Al no ver claro, sin embargo, cómo recibiría tan estrambótico entusiasmo una gente notoriamente orgullosa de trabajar duro —y de relacionarse con su entorno en unos términos muy prácticos—, optaba por contestar de forma más genérica. Y confirmé mis sospechas cuando, algunas semanas después, le describí a un hombre mayor la belleza de la luz. Pasmado, se quedó mirándome en silencio. Y aprovechó para hablarme de la vez que llevó a un artista a dar una vuelta en su barco. El tipo no paraba de repetir lo bonita que era la luz, una luz que él no tenía tiempo de contemplar porque estaba ocupado faenando con sus garlitos, con los que, por supuesto, el otro no se dignó a ayudarle… Eso sí: se llevó una langosta. Más adelante comprendí que aquellas impresiones iniciales sobre el modo en que los isleños se relacionaban con el lugar no eran del todo exactas. Aunque, en efecto, eran consideraciones pragmáticas las que determinaban la explotación de sus pequeñas fincas o *crofts*, su amor por la tierra y los animales se entremezclaba con un sentimiento —más intangible— de saberse en casa, en su hogar, lo que generaba un rico tapiz social de pertenencia.

## La tempestad

Las olas rompían con fuerza contra las rocas y yo iba a salir, esa misma mañana, hacia Mainland para ir a ver a una persona que participaría en mi investigación. Hasta donde alcanzaban mis inquietos ojos, el mar estaba bastante revuelto. Temí que cancelasen el ferri y que eso me impidiera salir de nuestra isla, así que opté por comportarme con sensatez y llamé al teléfono de información del servicio de transporte: «Hola. Me gustaría que me confirmara, por favor, si van a suspender el ferri de Whalsay por el mal tiempo».

Tras unos instantes de silencio, una voz repuso (con un tono de ligera perplejidad): «¿Mal tiempo? Aquí hace bueno…».

En la cola del ferri, mi aprensión fue en aumento: oía silbar el viento entre los mástiles de los pesqueros; las ráfagas más fuertes zarandeaban mi coche. Y, para mi trabajo, aquel trayecto sería mi pan de cada día. ¿Cómo lo conseguiría, si sólo de pensar en subirme a bordo se me revolvía el estómago? Me sentía una impostora, incapaz de bregar con los aspectos más elementales de la vida…

Cuando salimos del puerto, yo tenía todo el cuerpo en tensión. Me apeé del coche y caminé hacia la portilla, con la esperanza de que fijar la vista en tierra firme aliviase un poco mi ansiedad. Me quedé allí de pie y me agarré bien, lista para el vaivén del oleaje… pero la travesía transcurrió con notable suavidad.

Tras una tarde agradabilísima hablando de ponis —bebiendo té y plantando cara al viento para ir a verlos al campo—, regresé al ferri. Aunque el día había empeorado, tampoco lo noté demasiado en el trayecto de vuelta. Ya en Vevoe, le confesé a Robbie, que estaba trabajando en su cobertizo, cuánto me había sorprendido haber realizado un viaje tan tranquilo con semejante vendaval. Él me explicó que el ferri los soportaba sin problema siempre que soplaran desde esa dirección, que el temporal estaba apenas empezando y que, según las previsiones, arreciaría considerablemente en los próximos días.

Esa noche se declaró una auténtica tempestad. La lluvia azotaba la casa y el mar rugía arrastrando las piedras a la playa. El viento, que pasó de un constante zumbido a un aullido penetrante, se colaba por las rendijas de puertas y ventanas, desdibujando las fronteras entre el interior y el exterior. Me sonó el teléfono: era un mensaje automático de la empresa de los ferris para informar de que el servicio de Whalsay se suspendía por condiciones climatológicas adversas. Dejé unas linternas junto a la cama —y coloqué algunas velas en puntos estratégicos— en previsión de un corte del suministro eléctrico. De repente, me sentía aislada de verdad (tanto del archipiélago de las Shetland como del resto de Reino Unido). Me quedaría atrapada en aquella isla diminuta hasta que amainase la tormenta.

Me metí en la cama y desperté con los primeros rayos de sol. Nada había cambiado (en todo caso, a peor). Salí fuera. Como si el viento me hubiese agarrado, trastabillé unos pasos hacia un lado, a punto de caer, pero logré corregir mi rumbo y caminé, vacilante, hasta las rocas que dominaban el litoral. El mar, de color gris acero y frenético de espuma, era una masa pletórica de energía. Las olas se alzaban revelando un bajo vientre turquesa y se estrellaban contra las rocas. El agua pulverizada que saltaba de sus crestas saturaba el aire de sal. Incapaz de mantenerme en pie, me senté en el suelo empapado.

Todo a mi alrededor vibraba en respuesta al hondo y atronador rugido de las aguas mientras el viento acometía y golpeaba. En los intervalos de calma, distinguía formas oscuras que se movían bajo la superficie. Focas. *Selkies*. En el folclore de las Shetland, estos seres, terrestres o marinos, pueden adoptar una apariencia humana. Se movían con ligereza, cazando. Las veía un instante… y desaparecían. Más tarde aprendería a identificar los alcatraces que las tempestades atraían a nuestra ensenada.

Su deslumbrante blanco se zambullía en el agua, emergiendo al punto para unirse de nuevo a sus compañeros, que describían círculos en lo alto. El viento soplaba desde ellos hacia mí, conectándome con aquellas criaturas tan diferentes, con sus vidas de mar y cielo. Sentía mi cuerpo y mi mente alerta, vivificados por ese frenesí huracanado: felices de su propia quietud y de ser parte, a la vez, de un universo en movimiento...

## 2
## LEANDRA

Desperté en un mundo transformado. Un extraño silencio tras semanas de vientos desatados revelaba un paisaje nevado. Los copos caían lentamente; su delicado descenso a través de un aire inmóvil contrastaba con la granizada horizontal que me había mortificado el rostro durante la víspera. Con su manto blanco, las colinas circundantes se antojaban más pequeñas y más próximas; sus curvas se habían suavizado. Junto a la carretera pacían ovejas con el vellocino lleno de carámbanos. Conduje despacio por el camino irregular que llevaba al *croft*. Bjørn, vestido con un colorido jersey de punto y gorro de lana, ya me estaba esperando fuera; en la mano llevaba un cubo de pienso. Me saludó con entusiasmo mientras Amina, su pastor alemán, corría tras las bolas de nieve que él lanzaba.

«Ven conmigo, es hora de echar de comer a los ponis», dijo, poniéndose en marcha.

Bjørn se enamoró de los caballos en Noruega —allí se crio— cuando era todavía un niño. Su primer caballo fue un poni de las Shetland, y, con los años, su pasión por la cría equina fue en aumento. Reconociendo —con una sonrisa— que a él no le gustaba hacer las cosas a medias, confesó: «Así que tuve que mudarme a las Shetland. Por los ponis...».

Tras años planeándolo todo, visitando el lugar y soñando con él, por fin se había instalado aquí con su pareja, con la cual regentaba un criadero de ponis autóctonos con unos ochenta ejemplares.

«Mira a tu alrededor», me pidió, haciendo un gesto con la mano. «Éste es el hogar del poni setelandés. Es el sitio al que pertenecen, y les encanta».

Nada más entrar al prado más cercano, unos ponis diminutos vinieron hacia nosotros. El dorado de los ejemplares palominos, el castaño intenso, el marrón oscuro y otras tantas tonalidades intermedias relucían sobre el fondo blanco. Su respiración era visible por el frío; resoplaban y acariciaban con los hocicos las manos de Bjørn. Un poni marrón y blanco se arrimó a mí tranquilamente y se puso a olisquearme los bolsillos, y luego le dio por morderme el pelo. Al sentir el calor de su cuerpo y el dulce olor a heno me sobrevino una oleada de alegría.

«Éstos son los pequeños. Les pongo más comida por ser su primer invierno», me explicó al tiempo que echaba pienso en unos comederos.

Unos estorninos lo observaban desde una valla, al acecho para abalanzarse sobre cualquier grano que dejaran caer los ponis. Un fuerte balido retumbó en el plácido paisaje, avisándonos de la presencia de un rebaño, que venía directo hacia nosotros. En cabeza marchaba un gran carnero con el vellocino marrón rojizo y unos cuernos imponentes; le seguían varias ovejas de las Shetland de distintos colores.

«Vais a tener que esperar», advirtió Bjørn al ruidoso tropel. «Harbro traerá pienso prensado mañana y os dará un poco». Las ovejas, haciendo caso omiso, se dedicaron a perseguirnos, pegadas a nosotros y balando con insistencia cada vez que nos deteníamos.

Tras echar de comer a los ponis cercanos al *croft*, tocaba buscar a la manada de la colina. A Bjørn, aunque estaba encantado de que la helada hubiese terminado con el fango invernal, le preocupaba que aquel frío extremo y súbito les hiciese difícil encontrar agua fresca que no se hubiera congelado. Provistos de una barra metálica, nos pusimos en marcha. En el camino, me fue señalando los muros, crestas y hondonadas predilectos de los ponis para guarecerse. Yo escuchaba asombrada por sus conocimientos y por la forma tan distinta que él tenía de mirarlo todo. Lo que a mí se me habría antojado una extensión vacía, para Bjørn era el hogar de sus ponis, lleno de historias y lugares con un significado propio.

Bjørn se dirigía a un punto concreto de aquel campo, luego a otro... Iba directo a los sitios en los que sabía que solía haber agua. No dimos con ninguno en el que no estuviera congelada. Trató de romper la superficie con la barra, pero debajo solamente había más capas de hielo. Y después de cada intento le notaba más preocupado. «Esto no había pasado nunca. Tenemos que traerles agua».

A lo lejos, sobre el blanco de la nieve, se recortaban las oscuras siluetas de algunos ponis. Uno de ellos —una hembra mayor llamada Leandra— echó a andar hacia nosotros.

«Tiene sed. Necesita que la ayudemos», me dijo Bjørn.

Antes de llegar a nuestra altura, Leandra giró y se dirigió hacia la colina, donde se detuvo y bajó la cabeza como si estuviera bebiendo, si bien nada parecía indicar que allí hubiese agua. Cuando la alcanzamos, descubrimos un charquito que, al parecer, alimentaba un arroyuelo subterráneo. Bjørn se puso de inmediato a excavar, agrandando el agujero para facilitarles la tarea al resto de los ponis. Yo estaba pasmada: no era sólo que Leandra hubiese hallado el agua, sino que además había compartido ese conocimiento, y de manera eficaz, con Bjørn y con su manada.

Mientras trabajaba, Bjørn me contó: «Aquí están en el entorno que les corresponde. Imagina que alguien quiere hacer vino, por poner un caso. No tendría sentido que viviera en Noruega (tampoco en estas tierras). Yo estoy absolutamente convencido de que quien quiera criar ponis ha de hacerlo en el ambiente adecuado. Éste es su lugar originario: es aquí donde deben vivir. ¿Te acuerdas de lo que descubrió Darwin sobre los animales del archipiélago de Galápagos? Me refiero a que las razas van variando de una isla a otra, incluso aunque las distancias sean muy pequeñas. Es un tema interesantísimo. Pues, con los ponis, sucede igual».

Me explicó que su forma actual se debe a que llevan siglos habitando las Shetland, obligados a caminar largas distancias para encontrar comida y aprendiendo a guarecerse de los elementos. Como tantos otros criadores a los que conocería después, Bjørn destacaba la importancia de dar a los ponis la oportunidad de vivir en los espacios geográficos adecuados para ellos. Porque es allí —con libertad para pensar y aprender— donde adquieren esa clase de inteligencia de la que había dado muestras Leandra, quien supo encontrar agua donde su dueño humano no lo había logrado. Con su habilidad fue capaz de guiar hasta ella a su manada, velando por la supervivencia de los suyos en un paraje helado. Tal capacidad de adaptación a unas condiciones ambientales cambiantes y difíciles es uno de los rasgos más valorados de los ponis setelandeses.

Pero hasta en las Shetland esto se ha complicado, pues las enormes extensiones de pastos comunales que antaño ocupaban sus colinas ya no existen. Echando mano de su imaginación, Bjørn pretendía recrear el hábitat en el que los ponis habrían vivido tradicionalmente. Durante el invierno monitorizaba las condiciones de los campos y el estado de salud de los animales para asegurarse de que no les daba demasiada comida, ni demasiado poca. Si era posible, los dejaba en amplias zonas por las que podían moverse en libertad para buscarse, ellos mismos, alimento y refugio. Contar con cierta experiencia en plena naturaleza les ayudaría a mantener vivos su conocimiento y sus instintos salvajes, a pesar de que no fueran a quedarse allí para siempre.

Cuando volvíamos a la carretera, una oveja se acercó a nosotros... y se quedó parada clavándonos sus ojos amarillos. Al instante empezó a comer (sin despegar de nosotros la mirada). Bjørn me dijo que le daba mucha lástima: «Antes la acompañaba otra, pero se murió... Y, desde entonces, ésta deambula sola por todas partes. Me gusta ofrecerle un poco de heno para que no esté tan triste».

La oveja solitaria —que tenía la cabeza y el lomo cubiertos de hielo y nieve— se acabó su ración de hierba y regresó a la colina con calma. A lo largo de los meses que siguieron, aprendí que esta clase de amor y solicitud para con las razas autóctonas setelandesas es un componente fundamental del modo en que la gente comparte un paisaje con estos animales tan sabios y adaptables.

## El rebaño del vecino

Una mañana, al salir de casa —la nieve ya se había derretido—, vi a un hombre parado ante la puerta del prado de las ovejas. Vestía, todo él, con ropa impermeable de color azul oscuro y repetía, una y otra vez, el mismo sonido: «*Kid! Kid! Kid! Kid!*».

Las ovejas, que hasta entonces tan salvajes me habían parecido, echaron a correr hacia él. Algunas, en su entusiasmo, avanzaban a saltitos. Él me sonrió y dijo: «De verdad que se comportan como corderillos...».

Después, les echó un poco de pienso por encima de la valla.

«Algunas están más domesticadas que otras», añadió, lanzando algunas bolas de pienso hacia las que se habían quedado atrás. Me dio la sensación de que me miraba con cierto recelo.

Se presentó como Lowrie. Era un septuagenario que se había criado en Whalsay; el terreno que quedaba junto a nuestra casa formaba parte del *croft* de su familia.

Lowrie comentó que en realidad no hacía falta echarles mucho de comer —ni siquiera en aquella época del año—, porque con la hierba silvestre tenían suficiente, y también podían ir a la playa a por algas. Con la mirada fija en el horizonte —las nubes tapaban el sol—, me dijo que la luz estaba volviendo. Eso haría que comenzasen a crecer algas, el alimento favorito de las ovejas, que se reunirían en la orilla cuando fuese a bajar la marea —de algún modo, anticipaban el momento—.

«Se aprende un montón observándolas», añadió. «Son más listas de lo que la gente cree...». Aseveró que cada oveja es un individuo y que, si les dedicas tiempo, acabas descubriendo sus personalidades. Me contó, riendo, la historia de un hombre que un invierno metió en el establo de su *croft* a sus tres ovejas. La primera mañana se quedó patidifuso al encontrar la luz encendida, seguro como estaba de que, la noche anterior, la había dejado apagada. Al día siguiente, sucedió lo mismo. La tercera noche, después de apagar y cerrar la puerta, esperó un poco... y, en efecto, la luz no tardó en encenderse. Los animales habían aprendido a tirar del cordel que servía de interruptor. Otro rebaño que él mismo conocía se presentaba una y otra vez en un lugar donde no debería estar. Aunque, en cada ocasión, se lo llevaban a un sitio distinto, las ovejas siempre daban con la forma de regresar a aquel prado que tanto les gustaba. Su dueño, frustrado, decidió montarlas en un barco para conducirlas al nuevo prado que les había asignado, de modo que ya no fuesen capaces de reconocer el camino al prado prohibido. Pues resulta que, cuando el tipo regresó con el barco, ellas ya estaban allí. La inteligencia y la tenacidad de las razas setelandesas es pasmosa y, según Lowrie, en el pasado, la vida aquí hubiese sido imposible sin ellas.

Antiguamente, en cada parcela había una vaca que pacía en los campos más cercanos, y a la cual por la noche recogían y echaban de comer sobras de la cocina. Su tía, que había administrado aquel *croft* antes que él, tenía una que no permitía que nadie la ordeñase a menos que, al mismo tiempo, la cepillaran. A él, de niño, le resultaba un fastidio tener que tirarse horas cepillando a esa terca vaca, pero ahora entendía cuán importante era aprender a comprender y respetar a los animales en tanto que individuos cuando se trabaja con ellos. Cuando ya iba a montarse en su *quad* para volver a casa, me dijo que, si me quería familiarizar con sus ovejas, podía echarles unos trozos de pienso para que se me acercaran. Ni él ni yo sabíamos entonces que no sólo acabaría encariñándome muchísimo con ese rebaño, sino que, de hecho, pronto me encargaría de incorporarle un corderillo huérfano…

## La vida de la isla

Steve y yo nos cuidamos de no volver a cerrar con llave la puerta de nuestra casa, pero supusimos que, con todo, quienes nos visitaran llamarían primero y esperarían a que contestásemos. Enseguida averiguamos que la cosa no funcionaba así. Los vecinos entraban sin más y, ya en el salón, gritaban «¡Hola!» o «¿Hay alguien?» para advertirnos de su presencia. Las visitas son una parte tan básica de la cultura de la isla que se asume que, en cualquier momento del día, una está encantada de que alguien se plante en su casa. En cambio, a mí esa costumbre me resultaba ajena por completo y, al principio, me hacía sentir más bien incómoda. No es raro que lo tenga todo manga por hombro, por lo que, de saber que va a venir alguien, me pondría a recoger como una loca. Pero eso aquí no era una opción: la gente aparecía, literalmente, fuera la hora que fuera. Una mañana salí del baño después de ducharme —con una pequeña toalla— en el instante preciso en que alguien entraba. Después de ese incidente, me cuidé de vestirme antes de deambular por ahí…

Tras el *shock* inicial, acabamos por cogerles el gusto a tales encuentros. A menudo eran Robbie o Ina, que venían a saber qué tal estábamos, a contarnos historias o a compartir con nosotros información útil. Robbie me dijo que cuando, generaciones atrás, su familia se estableció en Vevoe, vieron, a lo lejos, los incendios que se desataron en Fetlar en las llamadas Highland Clearances[10]. Y que en las hondonadas del litoral se quemaban algas cuyas cenizas se usaban para fabricar vidrio o jabón, y nos recomendó los mejores sitios para avistar nutrias. Ina nos hablaba de los lugares donde solía jugar de niña y de los cambios sociales y económicos que se habían producido allí desde entonces. Lo de Lowrie eran las ovejas, y se sabía todas las especies de aves que frecuentaban las isla y cuándo solían aparecer. Aquellas conversaciones se convirtieron en parte habitual de mis días; ampliaban mi conocimiento del paisaje, influían en mis experiencias y daban un carácter mucho más social a mis paseos.

Advertí que en todas las casas —también en la nuestra— había unos prismáticos. Pensé que serían para avistar aves, pero con el tiempo comprendí que su función era de otro tipo. Observando yo misma a los vecinos, me di cuenta de que los utilizaban para vigilar las embarcaciones, para ver quién iba de visita a casa de quién o para asegurarse de que algún animal estaba bien. Me acordé de que, los primeros días, con bastante frecuencia, me topaba con algún desconocido que me decía: «Te he visto dando un paseo».

A lo mejor me habían visto un poco más de cerca de lo que yo creía… Así, empecé a concebir las casas como sujetos sintientes,

[10] Desplazamientos forzosos de población ocurridos en las Tierras Altas y las islas de Escocia durante los siglos XVIII y XIX.

partes de un entramado atento que transformaban el paisaje vacío por el que caminaba en un espacio orgánico. Las conexiones entre ellas eran algo más que un mero registro de la actividad diaria: en la vida cotidiana se entretejían dilatadas historias de personas y lugares, en las que nunca faltaba el dato exacto de dónde y quién estaba presente cuando sucedieron. Algunas se seguían conociendo por los nombres de individuos que las habían habitado —por ejemplo, la «casa de Bennie», que había cruzando la carretera desde la nuestra—. Las personas también estaban conectadas con los lugares por sus nombres. Robbie o John eran muy frecuentes, por lo que a nuestro vecino lo conocían como «Robbie el de Vevoe», del mismo modo que llamaban «Willie el de Vevoe» al anterior ocupante de nuestra casa. Y esos nombres a menudo no se alteraban aunque el susodicho se mudase, de manera que, si Robbie se fuera a vivir a Huxter, pasaría a ser «Robbie el de Vevoe que vive en Huxter».

Aquellos nombres, relatos y lugares, que constituían el tejido comunitario de las islas, parecían tener vida propia. Cuando los setelandeses se encuentran, lo normal es que se pongan al día sobre los sucesos locales: quién se ha casado o se ha mudado o ha cambiado de trabajo. Desde estos comienzos en apariencia simples, las conversaciones se van ramificando, incluyendo a los amigos o a la familia más amplia de las personas mencionadas, hasta acabar en un breve estado de la cuestión de la historia social de la zona. En caso de tratarse de dos desconocidos, se preguntarán, antes que nada, por los posibles nexos comunes: «Conque vives en Burra... Entonces sabrás quién es el viejo Gordon, el de Freefield...».

Y así sucesivamente hasta hallar al fin el vínculo, haciendo lo que ellos denominan un *reddin up kin*[11]. Eran los pormenores

[11] En la lengua setelandesa, *redd up* significa «poner en orden» o «esclarecer», y *kin*, «linaje» o «ascendencia». *Reddin up kin* sería algo así como «esclarecimiento de las relaciones familiares».

de esas charlas lo que de verdad me fascinaba: cómo se acordaban de parientes lejanísimos y los traían al día a día, creando y manteniendo las relaciones y el apego, el sentido de pertenencia.

Me encantaba aquel sistema social, pero, cuanto más asimilaba su alcance, más consciente era de ese algo de lo que yo jamás podría llegar a formar parte. Me costaba una barbaridad recordar los nombres y las direcciones, ambos esenciales en mi nueva cotidianeidad. Además, como pasaba bastante tiempo fuera de Vevoe a causa de mi investigación, no participaba tanto como hubiese deseado en los acontecimientos de la región. Sabía que nos observaban para hacerse una idea de quiénes éramos y de qué clase de vecinos seríamos. Quería encajar, caer bien; pero a la vez estaba intranquila, preocupada por meter la pata...

## Historias de domesticación isleña

Desde niña he tenido razas de caballo favoritas, anhelaba tener algún día mi propio connemara o árabe... pero sin pararme a pensar en el concepto de raza o en los significados que yo asociaba a los animales en relación con su identidad. Antes de mudarme a las Shetland, llevé a cabo una amplia investigación sobre la incidencia de la raza en sus relaciones con los humanos, y me sorprendió constatar que la práctica de distinguir a los caballos por razas es bastante reciente y está íntimamente ligada a ideas de dominación y de política de clase. El concepto arraigó en Reino Unido durante los siglos XVIII y XIX, a veces en relación con objetivos identificables —como criar caballos de carreras más rápidos o aumentar la producción de leche—, pero la estética también desempeñaba un papel importante. La belleza del ejemplar se premiaba en concursos y sucedía que algunos, especialmente buenos, se ponían de moda, atrayendo a multitudes en *tournées* por el medio rural y convirtiéndose en una especie de celebridades. Aquellos experimentos iniciales de cría los llevaban a cabo, en general, terratenientes ricos a los que se otorgaba la consideración de «diseñadores» de razas, que creaban merced a su arduo trabajo y su ingenio. A los propios animales se los consideraba una parte pasiva del proceso, como una suerte de arcilla que era posible modelar. En su artículo «Corpulent Cattle and Milk Machines: Nature, Art and the Ideal Type» [Ganado corpulento y máquinas ordeñadoras. Naturaleza, arte y el tipo ideal], Michael Quinn describe cómo esta narrativa del dominio sobre la naturaleza se utilizaba para justificar la posición de la aristocracia, la cual la esgrimía como prueba de su derecho a controlar las vidas de los humanos y los animales de sus tierras.

En mis viajes por las Shetland, enseguida comprendí que aquí el asunto de la raza y la cría era muy diferente. Me decían que, para entender las razas equinas del archipiélago, necesitaba conocer la historia del modelo agrícola del *croft*, cómo las personas y los animales habían aprendido a vivir juntos; algo que habían hecho a sesenta grados norte, latitud en la que las escasas zonas fértiles están rodeadas de hectáreas de ásperas colinas cubiertas de brezos y unos vientos fortísimos que hacen que la agricultura constituya un desafío. Cada *croft* contaba sólo con una pequeña franja de tierra cultivable y con acceso a agrestes extensiones comunales. Los *lairds*, los terratenientes, habían establecido un sistema explotador —de servidumbre por deudas— que obligaba a los campesinos a los que arrendaban sus campos a entregarles prácticamente cuanto producían a cambio de unos pocos artículos cuyo precio, además, estaba inflado. Y como los labriegos tenían un acceso muy limitado al dinero —y a menudo se hallaban sujetos a grandes deudas— se veían obligados a obtener de la tierra casi todo lo que necesitaban para subsistir.

Esta geografía —sumada a lo complicado que era viajar tanto a las islas como desde ellas— contribuyó al desarrollo de varias razas de animales domésticos claramente diferenciadas. Pequeños, resistentes y con gran capacidad de adaptación, podían vivir en sitios donde la mayoría de los animales domésticos no habrían sobrevivido. Las ovejas y los ponis se criaban en las ásperas colinas y, como requerían poca atención, mantenerlos resultaba barato. La lana se hilaba, se teñía y se transformaba en las famosas prendas de punto de las Shetland, una fuente de ingresos vital. Los ponis setelandeses se empleaban como bestias de tiro —transportaban personas y bienes—, y se los valoraba, sobre todo, porque llevaban la turba a los hogares. Durante el verano, los labradores extraían este combustible y lo amontonaban en taludes para que se secara (una historia ejemplar de calor, luz, supervivencia y esperanza...). De no haber sido, en efecto, por la resistencia de la raza equina setelandesa para salir adelante en semejante entorno y proporcionar a los seres humanos unos recursos básicos, la vida en las islas habría sido imposible. Las razas aquí no se concebían —en marcado contraste con las que los ricos diseñaban para preservar su dominio— como un producto manufacturado por unos ingeniosos humanos, sino como participantes activos en las vidas y los paisajes. Humanos y animales convivían y se adaptaban juntos, encontrando modos de integrarse en los agrestes parajes. De hecho, al proporcionar recursos con poco coste, aquellos inteligentes compañeros permitieron a los campesinos resistir a la tiranía de los terratenientes.

En mis primeros meses en las Shetland, me asombraba constatar cuán parecidas eran las historias que insistían en lo arduo de la vida del *croft* y en la tremenda inventiva de las personas y los animales que la sobrellevaban. Por todo el archipiélago había diminutos museos —y asociaciones— que velaban por la conservación de fotografías y materiales de archivo, y gestionaban tanto exposiciones como recursos electrónicos que compartían en internet. Pero tales iniciativas no iban dirigidas a los visitantes —aunque cualquiera era bien recibido—; se trataba de los setelandeses, que contaban y volvían a contar su historia. Yo me acordaba —con pesar— de algunos artículos académicos que había leído antes de embarcarme en mi trabajo de campo en los que se afirmaba que el énfasis de los nativos en aspectos de su pasado era una especie de nostalgia fetichista o falsa. Sin embargo, incluso asumiendo lo semejante de todas aquellas narraciones —y su carácter en ocasiones ligeramente institucionalizado—, lo que yo percibía no era eso. Después de pasar un día con Gary —que me habló de su vida con los animales—, empecé entender la auténtica naturaleza de la historia como parte de la vida social contemporánea.

Mientras Gary me preparaba una taza de té, yo eché un vistazo a su cuarto de estar. Las paredes, los aparadores y las mesas estaban llenos de imágenes, fotografías y adornos dispuestos con sumo cuidado, sin un ápice de polvo; en su mayoría eran escenas rurales con ponis y caballos de tiro. A mí nunca me ha gustado esa clase de decoración de estampa de caja de bombones que me parece un pastiche, falsa. Aquello sugería la celebración y la representación de un ideal rural imaginario.

Ya con nuestros tés, Gary me habló de la experiencia de crecer en las Shetland, de los campesinos de los *crofts*, de las zanjas de turba y de los largos días de verano con los ponis de las colinas; de la importancia de agazaparse e irse aproximando, con cuidado, a las yeguas acompañadas de potrillos, muy poco a poco, hasta lograr que, finalmente, se dejaran tocar... Describía el tacto de la cuerda cuando bregaba por sujetar a los potros que, no estando hechos al ronzal, se revolvían y tironeaban para zafarse. De niño, sus amigos y él se pasaban el día en el campo con los animales. Les encantaba estar con ellos y rara vez había directrices o interferencias de los adultos.

Fue a un estante y cogió una figurita de un potro haciendo cabriolas.

«Cada año, mi yegua favorita tenía un potrillo como éste», dijo, tendiéndomela. «Revoltosos y salvajes como el brezo. Pero buenos potros, no te creas. Pagaban bastante por ellos…».

Más tarde, Gary se marchó de su tierra natal y estuvo muchos años trabajando en granjas por toda Escocia. Volvió a levantarse para coger otra figura. La recorrió con los dedos, deteniéndose en ciertos rasgos al describir las diferencias de los ponis actuales con los de su juventud. Luego, a colación de una pareja que él usaba para arar, señaló otra más (esta vez, de una yunta). Dijo que le resultaba increíble el parecido de ésta con los animales que él había conocido, que era como tener una fotografía suya. Sonreía mientras me contaba los pormenores de sus personalidades y de las tareas que realizaban. Llamó mi atención sobre detalles del arado y del modo en que se ajustaban los arreos, y me explicó el día a día en la granja.

En el camino de vuelta a casa, no me quitaba de la cabeza las figuritas. Aunque de entrada me habían parecido imágenes genéricas de un ideal campestre, aquella tarde habían cobrado vida gracias a las historias de Gary. Su presencia en la sala de estar daba testimonio de las relaciones que él había mantenido con unas criaturas a las que conocía y amaba. Comprendí que, aunque las rememoraciones incluían un componente de nostalgia, eso no significaba que no fuesen, así y todo, importantes y verdaderas.

Las historias pueden crear un sentimiento de hogar, de apego; pueden hablarnos de quiénes somos y de quiénes queremos ser. Contándolas conformamos y reconformamos los mundos en los que vivimos. Y las relativas al pasado de los *crofts* revelan algunas de las cosas que más se valoran del modo de vida de las Shetland. Porque en esos relatos hay elementos de penuria y explotación, pero, si se observan más de cerca, una se percata de que en lo que realmente inciden es en la independencia y la capacidad de adaptación de los campesinos: en cómo las comunidades trabajaban juntas, ayudándose en tiempos de penalidades y uniéndose en sus celebraciones en épocas de alegría.

Gracias a su inteligencia, adaptabilidad y sentido del compañerismo, los animales de las islas se convirtieron en valorados miembros de los hogares. Si hubiesen requerido una alimentación costosa, establos en los que cobijarse o excesivos cuidados, la vida en los *crofts* habría sido imposible. Hoy, cuando la gente sigue trabajando con razas autóctonas, evocar a los animales de antaño consolida estas relaciones, ya que aquí continúan valorando y promoviendo los rasgos tradicionales de dichas razas. Y, así, el pasado no está separado y alejado de la vida social contemporánea, sino que constituye —como yo tuve ocasión de constatar— una herramienta viva, adaptativa y práctica de cara a garantizar futuros para estas islas en un mundo en rápida transformación.

## Sentirse en casa en paisajes cambiantes

Una de las primeras conversaciones que mantuve con June —que había pasado toda su vida entre ponis— me ayudó a entender los profundos vínculos que existen entre las personas, los animales y los paisajes. Me dijo:

> Para nosotros, los ponis son una forma de vida; son mis compañeros, no mis mascotas. He aprendido muchísimo, a lo largo de los años, observando a los ponis ser ponis, y siempre descubro algo nuevo que me asombra. Aunque algunas cosas no tienen explicación, yo me fio ciegamente de un poni de las Shetland. Por ejemplo, eso de que se acerquen a la costa a comer algas. El caso es que adivinan el momento exacto en que baja la marea, y eso que cada día sucede a una hora distinta... Además, también saben, con un día de antelación, que va a llegar un vendaval y desde qué dirección. ¿Cómo

> es posible? En invierno, bajan a diario a la misma hora para que les echen de comer. ¿Cómo, si resulta que el lapso de luz solar cambia de un día a otro? Nos queda mucho que aprender de los animales (si nos tomamos, por supuesto, la molestia de observarlos). Aquí, bastantes aspectos de nuestras vidas dependen del terreno y la climatología. Los setelandeses percibimos los pequeños detalles: sabemos que va a cambiar la estación porque vuelven el ostrero y el págalo, y conocemos la época en la que ocurren determinadas cosas. La gente ha perdido tanta sabiduría y tanto instinto en lo que concierne a la vida y a su entorno... Es posible que, observando, consigamos recuperarlo, al menos en parte. Si observamos a los seres que nos rodean, tal vez ellos nos guíen en la buena dirección. Pero, si los perdemos y se los quitamos a ellos, no los recuperaremos nunca.

El tema del «progreso», y de las mañas encaminadas a la preservación de cara al futuro, surgía siempre en este tipo de conversaciones. Los cambios en la agricultura y en el conjunto de la economía de las Shetland suponen que hoy el cultivo de las tierras genere pocos ingresos en comparación con otras labores, y casi todos los propietarios de *crofts* y criadores de ponis tienen, como mínimo, un segundo empleo. A pesar de la falta de incentivos financieros para implicarse en la labor agropecuaria —muchos protestan por la complicada situación económica en la que les coloca dar continuidad a estas actividades tradicionales—, los *crofts* siguen siendo, para los habitantes de las islas, una pasión: los terrenos pasan de una generación a la siguiente.

No mucho después de haberme mudado, fui a conocer Burland Croft, en la isla de Trondra, acaso el sitio más famoso en lo que se refiere a razas animales setelandesas. Era una mañana preciosa: la lisa superficie de los lagos reflejaba a la perfección las colinas y el cielo. De repente me di cuenta de que aquélla era la primera vez que veía tal fenómeno desde que me había instalado... Me había acostumbrado a los lagos ondeantes; en ocasiones, con unas olas enormes azuzadas por el viento, que aquel día había amainado.

«Viento de fuerza uno, ligero», confirmaba el parte de la radio local, que informa con regularidad según la escala de Beaufort.

En el puente que conecta la isla de Trondra con la de Mainland, un grupo de ocas me ayudó a identificar la carretera que llevaba a la finca; sus plumas grises y blancas relucían al sol. Mary y Tommy salieron a recibirme y me invitaron a pasar a la cocina. Al verme admirar un cuadro de una vaca setelandesa que había en la pared, Mary me dijo que, cuando empezaron con aquel *croft*, su idea era comprar animales de razas autóctonas de las Shetland, pero descubrieron, para su asombro, que quedaban poquísimos. Como el mercado de la carne bovina demandaba grandes reses, los propietarios se habían dedicado a cruzar vacas de la raza setelandesa —más bien pequeñas— con ejemplares de razas de mayor tamaño. En pocas generaciones, la población de ganado autóctono se había reducido drásticamente. Resueltos a impedir la extinción de la raza bovina de las Shetland, Mary y Tommy buscaron por las islas las vacas setelandesas puras. A lo largo de los años siguientes, el número de cabezas de ganado autóctono empezó a incrementarse (otros *crofts* también recuperaron esta antigua raza bovina). En cuanto a las aves de corral, las criaron a partir de ejemplares lo más parecidos posible a las razas setelandesas tradicionales y preguntando a dueños de otros *crofts* por los rasgos de los especímenes que recordaban. Poco a poco fueron creando averíos de las tres razas autóctonas. Los patos, en concreto, se están convirtiendo en un referente habitual, pues ya son muchos los *crofts* que los han añadido al resto de sus animales.

Cada vez que iba a ver a Mary y a Tommy, me recibían con una taza de té, tarta casera y buenas historias. En ellas, las vidas de personas y animales se interconectaban. Ambos creían que hacerse cargo de un *croft* entrañaba una responsabilidad que iba más allá de la propia finca y afectaba asimismo a las plantas y animales del paisaje circundante. Para ellos, las razas animales setelandesas estaban adaptadas, física y mentalmente, a los parajes que habitaban y a las prácticas tradicionales de los campesinos. Los animales están encantados con esa vida, salen adelante si se les deja espacio e independencia para desarrollarse de un modo natural; y los seres humanos consiguen animales sanos con menos tiempo o inversión económica de lo que requieren las razas de mayor tamaño. De esta forma, los animales, las personas y el lugar pueden seguir coexistiendo y salen adelante juntos como un todo cohesionado.

Las amplias ventanas de la cocina permitían abarcar sus terrenos con la mirada: de un lado, las ásperas colinas; del otro, una extensión de lozana hierba verde que llegaba hasta una playa de guijarros en cuya ensenada se bamboleaban dos embarcaciones. Sentados ante una taza de té o paseando por la finca, Mary y Tommy me hablaban de los desplazamientos de las aves y los animales. De cuando las ovejas iban al litoral a comer algas, del comportamiento de los cuervos en relación con las actividades agrícolas y de dónde andaban intentando construir nidos en ese momento los patos. Me contaban historias de sus vacas setelandesas: una a la que le encantaba la gente y se acercaba corriendo a la valla en cuanto pasaba un coche, otra que se negaba a que la ordeñasen humanos pero le ofrecía leche a cualquiera de sus congéneres —¡incluso a ovejas!— que estuvieran en el mismo campo… (Cada vaca tenía su propia personalidad). Me hablaron de las resistentes ovejas que vivían en otra isla, a las cuales sólo visitaban algunas veces al año para proporcionarles los cuidados esenciales. Y de que les encantaba darles biberones de leche a sus corderillos.

Nos solíamos sentar en un claro desde el cual contemplábamos la finca en toda su extensión hasta la playa, y en una ocasión vimos un rebaño de ovejas que se dirigían en fila hacia el litoral.

«Hoy se han retrasado un poco», le dijo Tommy a Mary, y ella asintió. Después se volvió hacia mí y añadió: «Observándolas puedes aprender un montón de cosas. Las ovejas de las Shetland son listísimas. ¿Has oído hablar de las *hefted sheep*?».

Contesté que sí, que en el lugar en el que crecí había rebaños que habían establecido un vínculo muy fuerte con la zona concreta en la que habían nacido[12].

«Bueno, pues es como si estas ovejas (*sheep*) estuvieran acostumbradas (*hefted*) a las Shetland. Conocen la colina y la climatología». Entonces pasó a explicarme el modo en que los campesinos y las ovejas se adaptan a este paisaje en una relación recíproca, y cómo los ritmos de la naturaleza y de la vida del *croft* se van transmitiendo a lo largo de las generaciones (humanas y animales).

Mary precisó que, con los patos, ocurría lo mismo: «Forman parte del lugar. Estos animales y el entorno... encajan», sonrió compartiendo conmigo su alegría al comprobar que cada vez se veían más patos en el archipiélago.

Mary y Tommy temían —como tantos otros dueños de *crofts* y criadores de ponis a los que conocí— que el retroceso de las razas animales autóctonas a nivel mundial resultase en una perniciosa *monoculture* de animales domésticos[13]. La pérdida de razas que han evolucionado para adaptarse a diversos nichos regionales haría peligrar la actividad agropecuaria en zonas geográficamente periféricas como las Shetland. Las razas grandes requerían, en efecto, un buen cobijo frente a las inclemencias del clima, así como pienso importado, por lo que mantenerlas costaba más y dejaban a los propietarios a merced de la fluctuación de los precios del pienso y del transporte. Sin las razas autóctonas —las que

[12] Las *hefted sheep* son rebaños de «ovejas acostumbradas» (se sobreentiende que a una zona concreta de pastos en la cual viven todas juntas sin necesidad de vallas). Parece que la expresión —y el modelo que designa— se emplea en el norte de Inglaterra y en Escocia.

[13] En inglés, *monoculture* puede ser tanto «monocultivo» como «monocultura».

tienen la capacidad de salir delante de forma autónoma—, mantener un *croft* sería ruinoso. Si las personas y los animales siguen aprendiendo en una relación recíproca —y relacionándose así con el entorno—, estarán cultivando al mismo tiempo la posibilidad de una vida feliz, sostenible e independiente en las islas. A medida que las nuevas generaciones se hacen cargo de las tierras y los criaderos de ponis —y va cambiando el marco de las relaciones sociales que se mantienen con el terreno y con los animales—, las prácticas se siguen adaptando. Durante un tiempo parecía que el único método agropecuario viable era el sistema que priorizaba el gran volumen y el bajo coste. En los últimos años, sin embargo, en las preferencias de los consumidores se viene observando un cambio sostenido hacia la carne y los lácteos de pequeñas granjas. Quienes trabajan en las Shetland con razas animales autóctonas a menudo insisten en la calidad de su producto. La carne de ganado criado en las colinas —alimentándose de brezo, flores silvestres y algas— tiene un sabor con el que la de animales producidos en masa no puede, en general, competir. Y, aparte de ese sabor más intenso, las investigaciones científicas apuntan a que, en términos de salud, estos productos también ofrecen mayores beneficios que los de las explotaciones agropecuarias intensivas. En vista de las nuevas posibilidades que se abren para estas antiguas razas animales, el interés por promover unos productos alimentarios setelandeses de primera calidad, saludables y respetuosos con el medio ambiente es cada vez mayor.

En las Shetland, la vida del *croft* tiene como requisito un esmero, una atención y un compromiso muy concretos. En su libro *La seta del fin del mundo. Sobre la posibilidad de vida en las ruinas capitalistas*, Anna Lowenhaupt Tsing escribe sobre las complejas redes de relaciones que se establecen entre los recolectores de setas y los bosques en los que trabajan. La buena marcha de esta actividad pasa por un conocimiento exhaustivo de la historia y la ecología. La autora detalla cómo estos recolectores cultivan el arte de la observación, un modo de atención solícita que les permite comprender las múltiples vidas que se dan en la naturaleza. Y es mediante sus actos y artes de observación como los dueños de *crofts* y los criadores de ponis cultivan con sus animales unas relaciones cuya base es el cuidado y la atención solícita. Al compartir sus existencias con los animales están conectando —y reconectando— con unas formas de vida que no se deben olvidar. Las enseñanzas de la historia se combinan, pues, con el conocimiento que ofrecen los encuentros cotidianos con los animales. Seres humanos y animales aprenden juntos e inciden los unos en los otros en la medida en que calibran los ritmos de sus vidas en una relación recíproca, así como en respuesta a coyunturas económicas y climáticas más amplias. A tal efecto resulta básica una actitud de apertura y adaptabilidad: la identidad y la pertenencia vienen dadas por conexiones en curso, cambiantes. En una comunidad isleña, la supervivencia pasada y la sostenibilidad futura dependen de que sus miembros se cuiden entre sí, y esto incluye las vidas de los animales y los paisajes. Al perseverar en su amor y su atención, los dueños de *crofts* y los criadores de ponis continúan aprendiendo, y, al transmitir a las generaciones futuras esos modos de hacer, las están obsequiando con unas Shetland que serán su hogar.

## Los paisajes del *croft*

En un tempestuoso día de enero, paré junto al supermercado Tesco antes de coger el ferri de vuelta a casa. Sabía que el barco que conectaba las Shetland con Reino Unido se había cancelado por clima adverso, por lo que esperaba que faltasen algunos productos; pero al entrar en la tienda me fui encontrando, fila tras fila, los estantes vacíos. No había fruta ni verdura, productos refrigerados o pan; incluso las secciones de conservas y de congelados estaban desabastecidas… El invierno anterior a que yo me trasladara, los temporales habían sido tan tremendos y tan largos que tuvieron que llevarles provisiones en aeronaves militares. Cuando llegamos a Whalsay, los vecinos nos hablaron de la carestía de comestibles durante las épocas de mal tiempo, y a menudo nos contaban anécdotas de forasteros aterrorizados que se peleaban por la última barra de pan. Yo me había tomado un poco demasiado a pecho mi afán de no convertirme en uno de esos forasteros desprevenidos. Había comprado un montón de conservas y de congelados, pero, cuanto más vueltas le daba al asunto, más larga se hacía la lista. ¿Y si nos duele la cabeza o nos resfriamos? ¿Se quedarían las farmacias sin analgésicos? ¿Cuántos rollos de papel higiénico había en las Shetland, y cuán rápido podrían agotarse? En fin, que, recorriendo aquella tienda desabastecida, me sentí aliviada, sabiendo que contaba con comida y provisiones suficientes.

Ya en casa, salí a dar una vuelta por la colina para disfrutar de la sensación de estar rodeada por el viento y las olas. Pensé en los estantes vacíos del Tesco, situación que, en Gran Bretaña, jamás se habría producido, pero que aquí era algo habitual. De repente Gran Bretaña se me antojaba un lugar remoto y empecé a entender el deseo de los setelandeses de preservar cierto grado de independencia en sus vidas cotidianas. Los propietarios de un *croft* —cuyas familias tenían un terreno y podían producir su propia comida— disponían de lo suficiente para épocas de carestía y estaban en condiciones de producir más. Pero las prácticas tradicionales no sólo resultaban valiosas por ese motivo: la clave estaba en contar con los recursos para autoabastecerse, fueran cuales fuesen los cambios que se produjeran en el futuro.

A lo largo de la historia, las relaciones de las Shetland con las autoridades del sur han sido tensas. Hay poca confianza en que Gran Bretaña priorice los intereses del archipiélago.

Cuando la industria petrolera pierda fuelle y las islas pierdan importancia estratégica, muchos empleos y oportunidades se desvanecerán.

Los setelandeses son muy conscientes de que habrán de adaptarse a tales transformaciones. En las esperanzas que los isleños albergan de mantener una independencia cultural y económica, la continuación de las tradiciones del *croft* y la preservación de las razas animales autóctonas ocupan un lugar central.

Aunque no veía a nadie mientras caminaba en mitad del vendaval, por todas partes a mi alrededor había tradición e ingenio: una antigua forma de vida que continuaba en el futuro, una tierra habitada por esperanzas e historias. Sin ir más lejos, dispersos por el paisaje había unos pequeños muros circulares de piedra seca llamados *planticrubs*. En esos diminutos huertos cercados, se plantaban semillas de col rizada para guarecerlas del viento, soplase desde una dirección u otra. La resistente col rizada de las Shetland alimentaba a personas y animales todo el año. Allí los muros seguían en pie, recuerdos de piedra en el paisaje, y en las casas los vecinos tenían paquetes de semillas de col rizada, listas para plantarse con el cambio de temporada.

Por primera vez entendí lo que significaba reutilizar y reciclar. Durante mucho tiempo fue complicado conseguir repuestos y la gente tuvo que buscarse la vida. Aunque hoy Whalsay es una isla comparativamente rica y los pedidos que se hacen por internet suelen llegar en unas semanas, se tiende a reutilizar y reparar los utensilios en vez de sustituirlos. Desde lo alto de la colina distinguía los viejos monos de faena en su nueva función de espantapájaros, cubos rotos reparados con bramante y cobertizos techados con embarcaciones que, si bien ya no servían para navegar, aún eran impermeables. Observé a las ovejas de Lowrie, que se dirigían a la playa: libres de deambular a su antojo, pero con un dueño que las quería y les daba alguna propina de pienso.

En la bajada, reparé en que iba moviendo el cuerpo en función del viento, girándome ligeramente para inclinarme hacia el vendaval y dando pasos más cortos (había adoptado unos andares como de cangrejo…). En aquel instante entendí el sentido de ese chiste que dice que si el viento deja de soplar de repente los setelandeses se caen todos al suelo de golpe. A un vendaval de fuerza ocho lo llaman «un buen día de secado»; de hecho, suelen aprovechar cuando el viento arrecia para tender la colada en el exterior (hace falta un poco de práctica, claro…). Mi primer intento no salió, por así decirlo, del todo bien. Daba igual dónde me colocase: la ropa mojada no paraba de abofetearme en la cara. Poco después apareció un vecino para devolverme el típico pijama con la frase TOO COOL FOR YULE, que había aterrizado en su jardín[14]. Mis esperanzas de que mis penalidades pasaran desapercibidas se desvanecieron definitivamente cuando me sugirieron que me pusiese de lado con respecto al vendaval y que tal vez me vendría bien comprar «pinzas para tormenta».

Un día que estaba tendiendo en medio de aquel ventarrón —intentando evitar que las sábanas me sacudieran— tuve la sensación de que me estaban observando. Y así era: en la cresta de la colina había una ringlera de caras lanudas. Desde que Lowrie me diera permiso para echarles de comer, cada vez que veía a sus ovejas les ofrecía un poco de pienso por encima de la valla. Ellas se daban la vuelta y huían; sólo cuando yo me había marchado volvían para comérselo. Fui pues a por el cubo y lo meneé junto a la puerta del prado para que sonara. Una oveja en concreto —una con el vellocino del color gris del carbón vegetal y la cara negra— parecía prestarme especial atención. Cuando repetí la operación, salió corriendo a toda velocidad, pegando varios botes en su camino hacia la puerta. Entonces, como si despertaran de un trance, las demás la siguieron y empezaron a comer pienso. Dejándome llevar por el entusiasmo, les arrojé otro puñado. Lo súbito del movimiento las espantó, aunque

[14] *Too cool for Yule*, literalmente «demasiado *cool* para la Navidad», o al menos para la celebración tradicional de esas fiestas.

regresaron enseguida. La gris fue la que más se acercó; junto a ella estaba un gran carnero castrado de vellocino marrón rojizo al que la asimétrica línea blanca que recorría su cara, y su tendencia a quedársete mirando fijo, conferían un llamativo aire excéntrico.

Unos días después, daba un paseo y oí algo detrás de mí. Allí estaba todo el rebaño parado, mirándome. Eché a andar otra vez y oí de nuevo el mismo ruido (de pezuñas trotando por el brezo). Una vez más, en cuanto me volví, todas las ovejas se quedaron inmóviles. Decidí cambiar el recorrido: fui a casa a coger el cubo de pienso. Ellas se me acercaban más conforme me aproximaba a la puerta del prado. Me apresuré a ir a por el pienso y, cuando se lo eché, sólo una salió corriendo: una flacucha hembra marrón con la frente blanca que, desde entonces, pasó a llamarse Scaredy Sheep[15]. Yo estaba encantada con mis nuevos amigos: escribí en mis notas de campo que me habían acompañado a casa… hasta que me planteé que, en la medida en que yo había modificado mi ruta en respuesta a su deseo de comida, ¿serían ellas las que me habían guiado a mí?

Enero dio paso a febrero y luego a marzo, y la naturaleza de la luz fue cambiando: en el cielo, el sol subía un poco más cada día. Las horas de luz se alargaban hasta bien entrada la tarde, y una intensa claridad sustituyó la sensación de crepúsculo perpetuo. Era como si el mundo se hubiese despertado: los contornos de las colinas se veían nítidos; el mar y el cielo, brillantes; el horizonte, definido. Los estorninos y los gorriones trinaban con vigor renovado, y Lowrie me confirmó que estaban buscando sitio para sus nidos. Con esta luz llegaba el sonido del ostrero, al que en las Shetland llaman *shalder*. Lowrie y Robbie llevaban semanas diciéndome que prestase oído a ese agudo graznido chillón que significa que ya casi es primavera. De repente, sus picos

[15] O sea, la «Oveja Miedica».

naranjas cubiertos de tierra estaban por todas partes (porque se dedican a escarbar en los campos y junto a los caminos). Aunque Robbie me confirmó que la pareja de la playa anidaba allí todos los años, cada vez que las ovejas pasaban las aves se levantaban alarmadas, se ponían a batir sus alas... y el viento se llevaba sus advertencias. Fulmares se habían avistado todo el invierno, pero ahora se veían más. Me sobrevolaban parejas planeando con las alas extendidas. Volaban en silencio, con los ojos clavados en mí, y se acercaban un poco más con cada pasada. Yo deseaba que no tardasen en encontrar, en la escarpada costa, recovecos y grietas en los que criar a sus polluelos. En puntos resguardados —detrás de muros o en jardines— brotaban los pétalos de las primeras crocus, diminutas manchas de color, vibrante presencia en un paisaje barrido por un invierno de temporales cargados de sal. De las colinas llegaba un nuevo son, cadenciosas notas traídas por el viento: el canto de la alondra, el sonido que los isleños asocian al verdadero final del invierno. Y yo escuchaba a esta ave diminuta anunciar el comienzo de mi primera primavera setelandesa...

# 3
# YODA

Dos pares de ojos me observaban desde el otro lado de la mesa esperando una respuesta. Se les sumó un tercero cuando el corderito de cuatro días que yo acunaba en mis brazos dejó su biberón y alzó la vista hacia mí. Nos estuvimos mirando un momento y luego él emitió un minúsculo, agudo y gorjeante «beeee».

«Ahora es tu cordero».

Me encontré de golpe ante lo ineludible de la situación. Se me había acelerado el corazón cuando uno de los criadores de ponis que participaban en mi investigación me dijo que una colega suya traía un *caddy lamb*, que es como llaman en las Shetland a los corderos huérfanos que, como tales, necesitan biberón. Y ahora me veía convertida en dueña de una pequeñísima oveja... Cada pregunta o reparo mío recibía su debida respuesta: «Aquí tienes un poco de leche en polvo y un biberón. Puedes comprarle más al veterinario de camino a casa»; «Qué va, no te molestará nada. Basta con que le des el biberón cuatro veces al día»; «A tu marido le va a encantar. No, no le llames para preguntarle».

Conduje de vuelta en estado de pánico. ¿Dónde iba a vivir el animal? ¿Cómo le cuidaría? ¿Y qué iba a decir Steve cuando me presentara con una oveja? La idea de llevármela me había entusiasmado, pero la realidad se imponía: me había convertido en dueña de un animal del que apenas sabía nada. Intenté centrarme en la conducción y olvidarme de que el cordero estaba allí; me dije que ya me preocuparía más tarde. Pero era más fácil decirlo que hacerlo, porque en cada curva él perdía el equilibrio y se oía un golpecillo, tras lo cual bregaba por volver a ponerse en pie.

En la terminal de ferris, le hice una foto y se la mandé a Steve con el mensaje: «Tengo un regalo para ti». Por el entusiasmo con el que me recibió, entendí que no había suficiente cobertura para que se enviara la foto, y por lo tanto sólo había recibido el texto. Cuando abrió la puerta trasera del coche, el cordero se levantó sobre sus tambaleantes patitas y soltó un sonoro e insistente balido.

«¿Dónde lo vas a meter?», preguntó. «¿Y cuánto tiempo se quedará?». De golpe cobré conciencia de lo mal que olía: el calor del coche había caldeado el barro y la caca que lo cubrían de arriba abajo. Su dueña me había explicado que había nacido con otro hermano, pero que la madre sólo había aceptado a uno —extrañamente al que más débil parecía— y a éste lo había rechazado. Ella creía que la madre entraría en razón, pero el pobre anduvo de oveja en oveja tratando de que lo amamantaran. Las otras hembras también lo rechazaron y la madre seguía a lo suyo.

«Es un luchador, un superviviente», me dijo la mujer.

Dejarlo fuera solo por la noche no era una opción: haría demasiado frío. De manera que le preparamos un hueco en el garaje. Le aseguré a Steve que aquello sería temporal: el cordero aprendería a vivir con el rebaño de Lowrie. No iba a dejar que se convirtiera en una mascota, me pasaría el verano enseñándole a ser una oveja.

Abrimos la puerta del jardín y él se precipitó fuera, olisqueando las flores y sin dar muestras de desconcierto ante el nuevo entorno. Pocos minutos después, apareció uno de los niños de la casa de al lado y echó a correr. El cordero lo seguía pegando saltitos y abriendo, en el aire, las patas hacia los lados.

—¿Cómo lo vais a llamar? —preguntó.

Miré al cordero, que estaba de pie, quieto y tranquilo. Sus grandes orejas le daban un aire cómico, y de pronto cobré conciencia de la fecha: era 4 de mayo, día de *Star Wars*.

—Yoda —contesté con una sonrisa.

El niño jugó unos minutos más con Yoda y luego dijo que tenía que volver. Alguien había visto en el ferri que yo llevaba a un animal en el coche y había llamado a nuestros vecinos para informarles de la novedad. Éstos se habían preocupado ante la posibilidad de que fuese un perro, y él iba a contarles que era sólo una oveja.

Preparamos un barreño con agua caliente y varias prendas de ropa y toallas viejas: tocaba bañar a Yoda. Era demasiado pequeño para meterlo en el agua —podía resfriarse—, por lo que Steve lo agarró bien mientras yo le peinaba y limpiaba el vellocino, tratando de quitarle toda la porquería posible entre un repiqueteo constante de pezuñas: el animal protestaba y bregaba por escapar. Lo envolví en una manta y lo llevé dentro para que entrara en calor. Sus ojos de color azul oscuro se empezaron a cerrar conforme fui secándolo con la toalla, y enseguida se quedó dormido en mi regazo; roncaba un poco. Me enamoré de aquel huérfano de forma instantánea y total.

Casi todos los recuerdos que tengo de mi primera infancia incluyen a los animales con los que compartía mi vida y mi hogar. Durante un tiempo alquilamos una casa que venía con una cabra, y nos prestaron a un burro para hacerle compañía. Tuvimos perros, pollos y patos que deambulaban por el amplio jardín y me acompañaban en mis aventuras. Con cinco años, encontré a un polluelo de grajilla que se había caído del nido. Era la criatura más fea imaginable —calvo y casi traslúcido—, y yo me enamoré de él hasta las trancas. Mamá lo llamó Gerry (por el escritor Gerald Durrell), pues dijo que mi capacidad para traer a casa animales del campo le recordaba a las historias de *Mi familia y otros animales*. Gerry me acompañaba a todas partes: yo me pasaba los días de charla con mis distintos amigos animales con él posado en mi cabeza. Cuando empecé la universidad y me trasladé a la ciudad, nunca tuve mascotas: no me parecía práctico o posible. Pero, allí sentada, con el corderillo en mi regazo, cobré conciencia de cuánto había añorado ese contacto.

Tras dar a Yoda su último biberón del día, cogí mi bolsa de agua caliente —con un suave revestimiento lanoso—, la llené y la puse en su cama (deseando que aquel calor le hiciese sentir menos solo...). Por la mañana, me sentía inquieta por las conversaciones que tenía pendientes. La respuesta de nuestro casero a mi pregunta de si podíamos tener un cordero en el garaje había sido lacónica y algo enigmática —«Ha habido cosas mucho peores que un cordero en ese cobertizo»—, por lo que esperé, nerviosa, a que llegase Lowrie. Estaba ansiosa por que aceptase que Yoda viviera en el campo con sus ovejas, pero ¿y si no quería? Yo no tenía un plan B y, pidiendo el favor, me estaba aprovechando de la generosidad de un vecino...

En cuanto oí el *quad*, salí escopetada con Yoda pegado a mis talones. Lowrie me miró, miró al cordero y dijo: «Alma de cántaro, ¿qué has hecho?».

Hablando a toda prisa, intenté explicarle lo ocurrido. Lowrie se rio en plan simpático, interrumpiendo mis divagaciones y explicándome que, en esa época del año, todo el mundo que tenía un corderillo macho huérfano intentaba endosárselo a alguien; el truco estaba en mantenerse firme. Antes de que yo pudiera preguntárselo, me dijo que de acuerdo, que podía vivir con sus ovejas y que había suficiente hierba para él; pero me advirtió que no me encariñara demasiado. Y yo, ansiosa por demostrarle que no era la típica urbanita del sur, le aseguré que gestionaría el asunto de forma estrictamente práctica. Me encargaría de alimentarle y de que se integrara en el rebaño; no habría carantoñas innecesarias. Antes de irse, me preguntó si ya le había puesto nombre.

—Se llama Yoda —contesté sonriendo.

Él se rio y dijo:

—Suerte.

Era un día soleado y me senté fuera con Yoda. Al poco apareció Ina, que estuvo de acuerdo conmigo en que Yoda era «una criaturilla adorable, una criaturilla de lo más adorable», y se ofreció para darle el biberón cuando hiciese falta. Acepté agradecida su amable propuesta: me preocupaba cómo compaginar mi trabajo de campo fuera de la isla con los cuatro biberones diarios de Yoda. Entonces se unió a nosotros Robbie: reconoció que Yoda era un magnífico ejemplar y nos contó la historia de otro huérfano. Cuando el animal era pequeño, entraba en la casa y se echaba a dormir junto a la chimenea como un perro. Al cabo de unos meses, lo llevaron con un rebaño que había en una isla desierta y allí vivió durante muchos años. Cuando el dueño tuvo que traerlo de vuelta tras una circunstancia sobrevenida, aquel corderillo, que entonces ya era un gran carnero setelandés de imponentes cuernos, corrió de inmediato al interior de la vivienda y ocupó su sitio junto a la chimenea como si nunca lo hubiese abandonado.

Allá donde yo fuese, Yoda me seguía a un paso o dos de distancia, por lo que decidí llevarle a dar una vuelta por el promontorio. Pensé que ir familiarizándole con la zona donde vivía el que había de ser su rebaño sería una buena experiencia: le ayudaría a enterarse de que era una oveja.

## El promontorio

Cuando los vikingos llegaron a las Shetland, fueron poniendo nombres a los sitios que descubrían. En general, eran apelativos prácticos y descriptivos, referidos a elementos de la geografía, acontecimientos o actividades. Los topónimos son aún una parte importante del dialecto setelandés actual; en ocasiones ofrecen fascinantes atisbos de cómo fueron antaño las correspondientes zonas. Cuando el nombre de una extensión que parece abandonada incluye los elementos *-bister*, *-quoy* o *swin-* quiere decir que, antiguamente, allí había granjas. *Ness*, que significa «cabo» o «promontorio», es un topónimo habitual en esta tierra de escarpados litorales.

Aquel promontorio era el lugar por donde yo paseaba; el lugar donde me familiaricé con el paisaje de las Shetland y me enamoré de él. Ese mismo sitio me ofrecía cada día algo diferente: no dejaban de revelárseme nuevos aspectos. Cuando lo vi por vez primera, sus colores eran mate, marrones y musgosos, interrumpidos por parches de hierba de color más vivo en las zonas más húmedas. Más allá de las ovejas —y de algunos fulmares que anidaban en recovecos de la roca o planeaban con sus gráciles alas—, el terreno se antojaba extenso y vacío. Apuntaban a la presencia de otros seres los huesos y los excrementos, vestigios de banquetes; salpicaban el rocoso litoral caparazones de diversas especies de cangrejo con restos de percebes incrustados y carcasas vacías de gigantescos erizos de mar. La frecuente aparición de unos monstruosos cadáveres retorcidos de marucas —con los agudos dientes de sus bocazas bien abiertas— me decía que probablemente hubiese varias nutrias por los alrededores. Me topé con sus rastros, sus excrementos, hallé superficies cubiertas de pelo en las que se habrían revolcado... pero las propias nutrias permanecieron esquivas durante semanas.

Aprendí a sentarme y a observar —acostumbrándome al cortante viento—, y así descubrí cómo las gaviotas —gaviotas argénteas y gaviones atlánticos— dejaban caer sus hallazgos submarinos contra las rocas para romper los caparazones. Y fui cobrando conciencia de la atención que me prestaban las focas. Si me sentaba allí en un día tranquilo, no tenía que esperar mucho hasta que aparecía una y se quedaba a observarme en silencio y sin pestañear; entonces iban sumándosele otras. Algunas sacaban el cuello fuera del agua, como si se estuviesen estirando para tener una mejor perspectiva. Solían mantener unos metros de distancia entre ellas, pero a veces les daba por juguetear girando sobre su propio eje en el agua, bufando y mordiendo a las demás en el cuello. Aquellas curiosas compañeras solían acompañarme en mis paseos, desapareciendo bajo las olas para volver más tarde a emerger en paralelo al camino que yo llevaba.

Un día atisbé con el rabillo del ojo un movimiento distinto: una gran nutria se dirigía a la orilla con un espinoso de marea anaranjado en la boca. El marrón de su pelaje se camuflaba entre los tupidos bosques de algas que la marea baja había dejado al descubierto. Si no se hubiese movido, no habría advertido su presencia ni aun estando a unos pocos metros. Los ruidos de la carne desgarrada y de las espinas trituradas viajaban con el viento y, en cuestión de minutos, la nutria volvió al agua. Tras recorrer unos metros se detuvo, miró hacia la orilla y arqueó el lomo antes de sumergirse entre las olas. Sin despegar los ojos de las ondas que señalaban su descenso, avancé sigilosamente —pegada al suelo— para situarme en un punto de observación más próximo. La roca gris, cubierta de liquen, era un asiento puntiagudo e incómodo, pero me quedé quieta. Ella, que nadaba muy cerca, emergió ahora con otro pez.

Tras este primer avistamiento que yo tanto anhelaba, con frecuencia veía alguna nutria en el promontorio. A menudo me las encontraba cazando en la ensenada o más adentro. En una ocasión hallé a una dormida: acurrucada en un hueco detrás de una gran roca, con el pecho subiendo y bajando al ritmo de la respiración y moviéndosele el pelaje con la brisa. Parecía pequeña; me pregunté si no sería un ejemplar joven… Me agazapé tratando de ocultar mi silueta (suspendida en el instante, observando). Al cabo de unos minutos, despertó, se estiró y comenzó a revolcarse, abriendo y cerrando sus fauces y levantando unas delicadas nubes de polvo. Se estiró de nuevo, se detuvo, alzó la cabeza para mirar alrededor ahora ya alerta… y al poco restregó el cuello y los carrillos por las piedras y las algas. Un último vistazo antes de defecar en la roca —que ya estaba cubierta de heces— y se zambulló en el oleaje.

Cada día observaba y aprendía, era testigo de cómo el mar y la tierra se mezclaban con los ritmos de la vida del promontorio. Aquella nutria debía de haber advertido mi presencia, ya que el viento soplaba y llevaba consigo mi olor. El hecho de que ahora me cruzara con más ejemplares de su especie, ¿se debía a que habían dejado de tomarse la molestia de evitarme? Me pregunté si, con mis paseos, yo misma no estaría pasando a formar parte del lugar, si la vida del promontorio no estaría también aprendiendo a vivir conmigo.

Poco a poco, a medida que me fueron cogiendo confianza, las ovejas de Lowrie se acercaban con más frecuencia por si tenía comida para ellas. Terminé conociendo bastante bien a algunas de las más domesticadas, poniéndoles nombres y anotando sus ocurrencias en mi cuaderno de campo. Al carnero castrado de vellocino marrón rojizo, franja blanca y ojos saltones le llamé Starey Sheep[16]; lo acompañaba siempre la hembra del color del carbón a la cual bauticé como Y-Face[17]. Four White Feet tenía, como su propio nombre indica, cuatro patas blancas (el resto de su cuerpo era negro, a excepción de una franja blanca en el centro de la cara). Con ella solían ir dos ovejas para las que, basándome en sus rasgos, elegí Pretty Pink Nose y V-Face[18]. La increíble variedad de

[16] O sea, «Oveja Mirona» u «Oveja Mirafijo».

[17] O sea, «Cara de i griega» o «Carayé».

[18] «Nariz Rosa Bonita» y «Cara de uve» o «Caraúve», respectivamente.

tonos y marcas distintivas me permitía identificarlas sin problemas, cosa que no me había sucedido nunca con ningún rebaño.

Una mañana, sentada en un murete con Yoda a mis pies, cobré conciencia de cómo había transformado el promontorio la primavera. Los marrones se habían vuelto verdes, y entre las nuevas briznas de hierba crecían las púrpuras «escilas primaverales»[19]. Aquellas flores de pocos centímetros de altura —y bonitas, pero fuertes— osaban abrirse a pesar de los fuertes vientos y las intempestivas granizadas. Junto a las piedras se agrupaban unas luminosas flores rosas similares a las linarias. Donde crecía una hierba más alta, aparecían ya las primeras orquídeas de los pantanos (algunas de un violeta intenso, otras de un delicado rosa y blanco como de encaje). El aire iba cargado con una amenaza de lluvia; el opaco cielo estaba surcado por vetas grises y plateadas. La melodía de fondo la ponían las alondras, cuyo canto llegaba a mí desde la brezosa colina.

Ya más cerca, se escuchó un chochín. A este pájaro diminuto solía verlo en lo alto de la piedra más enhiesta, listo para salir disparado hacia el primer recoveco apenas yo me aproximara.

Entonces se oyó algo distinto: un inquietante quejido prolongado que resonó por todo el paisaje y que, como llegaba a la vez de la colina, del mar y del cielo, ponía difícil localizar su origen. Todo lo demás enmudeció mientras aquel sonido, que hablaba de mundos ignotos, continuaba. Un escalofrío me recorrió la espalda y se me puso la piel de gallina cuando a esa voz se le unió otra y ambas cobraron más fuerza y se fueron entrelazando, envolviéndome en su magia.

Mis ojos no descansaban intentando descubrir quién había producido ese canto. Junto a la puerta encontré a Robbie, que me preguntó: «¿Has oído al *rain goose*?». Y comprendí al punto

[19] En el original: *spring squill*. Nombre científico: *Scilla verna*.

que había estado escuchando el reclamo de apareamiento del *red-throated diver*[20].

Robbie me contó que cada uno de los lagos de la zona solía albergar, en época de cría, a una pareja, que no paraba de cantar durante su época de celo. Desde ese día, todas las mañanas los espiaba con los prismáticos, los observaba nadar en paralelo, con el característico tono rojo de sus gargantas contrastando con el de carbón vegetal de sus cuellos cuando alzaban sus cabezas y cantaban. A aquella pareja acabé conociéndola bien: me acostumbré a verles en el agua ese verano.

El tiempo se iba haciendo más primaveral y, una mañana que salí a caminar con Yoda, a éste le dio por saltar bien alto y encaramarse a las partes bajas de los muros o de las rocas antes de lanzarse al suelo. Las ovejas de Lowrie se mantenían a cierta distancia, atentas. Una con el vellocino del color de la miel —y la cabeza muy lanuda— se aproximó un poco a nosotros. Yoda echó a correr hacia el rebaño... y ella salió trotando como si fuera el diablo. Cuando éste quiso volver, algunas ovejas le dejaron acercarse más, pero la mayoría se alejó de él, desapareciendo en la colina. Yoda regresó entonces conmigo alegremente, a toda velocidad. No daba la impresión de que el rechazo le hubiese afectado... Continué mi camino, y él fue siguiéndome unos pasos por detrás. Yo andaba siempre dándole vueltas a la idea de propiciar que él fuese más como una oveja. Aún pasaba la noche dentro —hasta que se hiciese más grande y fuerte—, pero yo albergaba la esperanza de que, por el día, estuviera en el prado con las demás. Sin embargo, en cuanto el rebaño se congregaba a su alrededor, él decidía que sus congéneres no le gustaban y volvía conmigo; cosa que acababa consiguiendo: entre su peque-

[20] Es decir, se trata del mismo pájaro, el colimbo chico (nombre científico: *Gavia stellata*), sólo que Robbie le da el nombre que recibe en las islas Shetland («ganso de la lluvia»), y la autora el de Gran Bretaña («buceador de garganta roja»).

ño tamaño y lo viejo de los muretes y las vallas, aparecía a mi lado a los pocos minutos de que se oyera su atemorizado balido.

Cuando estábamos llegando a casa, me di cuenta de que Yoda no caminaba —como era su costumbre— detrás de mí, sino a mi lado. Aunque mis pies habían abandonado la trillada vereda ovina que serpenteaba por el cabo, él insistía en continuar por ella. Se movía en la misma dirección que yo, por un camino diferente…

### El jardín

A medida que las semanas iban sumando meses, cada vez me asombraba más la generosidad de nuestros vecinos. No paraban de regalarnos huevos, pescado u otros productos frescos, siempre con un comentario tipo: «Nos sobraba un poco y pensamos que igual os venía bien» o «Las gallinas están poniendo una barbaridad y tenemos demasiados». Yo no sabía bien cómo corresponderles. Nosotros no producíamos nada: solamente disponíamos de las cosas que comprábamos. Y, así, no cabía esperar que fuésemos a contar nunca con ese excedente que hacía falta para regalar. Tenía la sensación de que, en tal situación, comprar algo no cuadraba. Y para mí era importante corresponderles. No soportaba pagarles con grosería su amabilidad.

Lo primero que se me ocurrió fue recurrir a la repostería. Pensé en la posibilidad, en absoluto inverosímil, de hacer alguna cosa que pareciese natural compartir. Pero yo, de cocinar dulces, no tenía la menor idea y, como me pasaba la mayor parte de los días en Mainland por el trabajo de campo —y además dedicaba varias horas diarias a redactar mis apuntes—, apenas me quedaba margen para practicar. Mis primeros intentos fueron un fiasco: se me quemaban los bizcochos o me salían con sabores raros (no era plan regalárselos a nadie…). Y luego, cuando mejoré un poco —ateniéndome a recetas sencillas y siguiendo las instrucciones al pie de la letra—, empecé a cobrar conciencia del nivel de las destrezas reposteriles de los isleños, capaces, todos ellos, de preparar unos *scones*, *bannocks* o *fancies* ligeros y suaves (y sin necesidad de convertir la cocina en una zona catastrófica…). En fin, que mis tentativas se me iban antojando, comparados con aquello, cada vez peores; y me preocupaba que, si obsequiaba a la gente con mis modestas creaciones, lo percibiesen como una falta de educación, como si me estuviera queriendo deshacer de «productos defectuosos». Pensarlo me causaba tal angustia que opté por dar el paso y compartir con Ina el resultado de mi última hornada de galletas. Tenían buena pinta y olían bien, pero no se me ocurrió probarlas antes de ofrecerle unas pocas. Ella mordió una… y oí con nitidez el «crac». Era evidente, a pesar de su amable sonrisa, que masticarlas era un disparate. Cuando por fin logró tragarse el primer bocado, me dijo que estaban riquísimas, pero que el resto se lo llevaría para terminárselo en casa. En cuanto se marchó, probé una. Duras como piedras. Me puse a llorar por el disgusto y la vergüenza: no tenía nada con lo que corresponder y, por tanto, nunca sería una buena vecina.

Dejé de autocompadecerme y decidí centrarme en cultivar algo de verdura, con la esperanza de compartir la cosecha al cabo de unos meses. De manera que salí a examinar nuestro jardín. Era un desastre absoluto. Aunque hacía días que no llovía, la hierba seguía empapada y, donde quiera que pisase, el terreno se hundía un poco y la huella se encharcaba. Las zonas en las que se había cultivado previamente estaban cubiertas de una tupida y enmarañada alfombra de hierba muerta; una inspección más detallada dejaba claro que aquel lugar llevaba un tiempo sirviendo de retrete felino… Por otro lado, estaba el riesgo de exposición al viento de componente norte, ya que entre el jardín y el mar no había más que una desvencijada valla de madera.

Sí que había, no obstante, arbustos que podían ofrecer cobijo desde el sur y el este. Yo había visto al viento azotar, durante todo el invierno, sus desoladas ramas desnudas, rociándolas, para colmo, de sal (de hecho, me preguntaba si seguirían vivos...). Pero, con el cambio de estación, aparecieron los primeros capullos y unos frágiles brotes verdes. En las partes inferiores que quedaban al socaire, surgían de la tierra unas hojas pujantes y lozanas: narcisos y jacintos de los bosques, me dijo Ina. Al desconocer qué otro potencial escondería el suelo invernal, opté por dedicar mis esfuerzos al huerto de verduras, a un jardín de flores y a una nueva senda, y esperar para ver qué crecía en las otras zonas.

Comencé por una pequeña superficie en la cual deduje que antes había un lecho de flores. Con el murete de piedra seca a un lado y un tupido grupo de rosales al otro, creí que estaría resguardada. Y me dispuse a arrancar la maleza que la invadía. Descubrí que, si tiraba de un puñado de tallos en sentido oblicuo, salían de la tierra con mucha más facilidad, trayendo consigo terrones húmedos. Después cavé, sorprendida de cuán hondo llegaba la intrincada raigambre y disfrutando del olor y el tacto de la tierra. En algunas zonas encontré, bajo el manto de hierba, pequeñas hojas arrolladas que apuntaban hacia un sol que no podían ver. Intrigada, despejé el espacio a su alrededor, para saber en qué se convertían. Desenterré una línea regular de piedras lisas, indicio de que aquello había sido, en efecto, un lecho de flores, como confirmó la desvaída etiqueta de un centro de jardinería. En esas estaba cuando apareció Robbie y se apoyó en el muro buscando conversación. Me dijo que creía recordar que había flores —y acaso algunos hierbajos— donde yo estaba trabajando, y me sugirió que no tardase en ponerme con el huerto si quería llegar a tiempo de plantar algo ese año.

Mientras yo sacaba piedras y las iba colocando a un lado, Robbie me habló de un día en que, en uno de sus paseos, se encontró una de lo más insólito. No se asemejaba a nada que hubiera visto antes, por lo que se la llevó a un amigo suyo que era geólogo, el cual le confirmó que debía de haber formado parte del lastre de un barco (los cargueros, al zarpar de vacío, utilizaban, para ganar estabilidad, pedruscos de los que luego, cuando llegaban a recoger la mercancía, se deshacían, dejando vestigios de sus travesías en la geología de los lugares). El hombre le explicó que, como Whalsay había sido un puerto importante a lo largo de la historia —parte de la ruta comercial hanseática y escala habitual para pesqueros—, el lecho marino de la isla contiene multitud de piedras raras. Robbie se ausentó unos minutos, volvió con un gran trozo de pedernal y me lo dio. Me dijo que aquella probablemente también habría llegado con alguna embarcación y que por qué no me la quedaba, la podía dejar en el jardín o con las otras piedras de la playa que coleccionaba. Me reí y le di las gracias, consciente de cuán visible debía de ser en mis caminatas por la orilla durante el reflujo de la marea, examinando las rocas y los huesos y metiéndome en los bolsillos tesoros como vidrio marino.

Para entonces, me dolían los brazos de tanto cavar, así que me preparé una taza de té y luego fui a por mis paquetes de semillas y los tiestos que habían de albergarlas. Había elegido col rizada y coliflor: ambas debían sembrarse dentro y trasplantarse al jardín después, en los meses de verano. Llené de tierra, una a una, las diminutas macetas, colocándolas a todas su semilla en el centro y echándoles un poco de agua antes de llevarlos al vestíbulo. Después esparcí unas semillas de menta en otra más grande que coloqué junto a la puerta principal.

Amaneció un día despejado. El viento soplaba desde el sur y la sensación era bastante más cálida, a pesar de que el parte meteorológico local confirmó que sólo hacía 10 °C. El sol estaba ya bastante alto, y desde la colina llegaba el canto de la alondra; el jardín estaba de lo más animado con el piar de los gorriones y los estorninos. Empecé por retirar toda la caca de gato de lo que iba a ser el huerto. Dio igual que me enfundara unos guantes de goma y usara una pala de jardinería: me resultó la mar de desagradable; seguía sintiéndome sucia por mucho que me lavase las manos… Luego me metí con los hierbajos, pero aquí era más complicado arrancarlos y mi técnica de la víspera no daba apenas resultado. Usé un tenedor para romper la tierra, desmenuzando unos centímetros de hierba muerta apelmazada hasta alcanzar el sustrato. Cuando hube quitado toda la visible, me puse manos a la obra con lo que hallé debajo. El primer medio metro de profundidad era una auténtica maraña: extensas redes de finas raíces, así como gruesos y tenaces dientes de león que llegaban más hondo de lo que yo jamás habría imaginado, y unas misteriosas raíces entre rojizas y marrones que más tarde descubrí que eran —cuando siguieron creciendo a pesar de todos mis esfuerzos desbrozadores— una invasión de menta. Me tiré horas trabajando, acalorada por más que mi respiración pudiera verse en el aire frío, y poco a poco noté que la cosa avanzaba: la zona de tierra roturada crecía…

Me detuve un momento para mirar a las ovejas de un vecino, que estaban atravesando la playa. Sus siluetas blancas, casi idénticas, avanzaban en fila; cada una tras los pasos de la anterior. Me fijé mejor y vi que Y-Face y Starey Sheep —las de Lowrie— estaban con el rebaño que no era. Cogí un cubo con un poco de pienso y fui hacia ellas, que se dispersaron, rompiendo su formación y saliendo disparadas ladera arriba. Meneé bien el cubo para que sonara y las ovejas de Lowrie se volvieron hacia mí. Repetí la maniobra, pero ellas permanecían inmóviles, observándome. Como no se me ocurría qué más hacer, caminé hacia su prado sin dejar de mover el cubo y con la esperanza de que me siguieran. Una vez en la puerta, la abrí y reculé un poco para dejarles espacio para pasar. Ellas querían ir con sus compañeras del otro lado de la valla, pero no querían acercarse a mí. De modo que fui directa al rebaño, echando bolas de pienso a mi paso. Funcionó: la pareja se unió a los suyos. Al final, hasta me sentí orgullosa: feliz de haber hecho, por fin, algo útil.

Al poco, cuando estaba enfrascada de nuevo en el jardín, se presentó Lowrie con su *quad*, dispuesto a recuperar a un par de ovejas que se habían escapado. Le dije que ya me había encargado yo de devolverlas con el resto. Me lo agradeció nombrándome su «ayudante». Yo estaba encantada...

## Yeguas preñadas

Mayo es el mes en el que nacen la mayoría de los potrillos de las Shetland, cuando lo peor del invierno ha concluido y ya ha empezado a crecer la hierba nueva. Yo estaba intentando pasar todo el tiempo posible con los criadores que iban familiarizándose con sus nuevas incorporaciones... y me emocioné muchísimo cuando Leona —del criadero Robin's Brae— me llamó para preguntarme si podía ayudarles a vigilar a las yeguas preñadas porque iba a pasar un día fuera con su familia.

Había conocido a Leona y a su hermano —Irvine— esa misma primavera. Eran la tercera generación de criadores de ponis y me habían contado cómo había sido para ellos crecer rodeados de amantes de los animales: «Nunca sabías lo que te ibas a encontrar al abrir la puerta. De repente había un cordero en el vestíbulo...».

Los ponis de las Shetland formaron parte de su infancia. Desde muy pequeños, asistían a las yeguas en el parto o acostumbraban a los potrillos al ronzal.

Cuando se acercaba la época de los nacimientos, conducían a las hembras preñadas a un prado próximo a la casa y, durante la noche, los miembros de la familia se iban turnando para ir a ver cómo estaban. Tal nivel de atención era normal entre los criadores de ponis: muchos me hablaban de semanas en vela...

Algo que se compensaba con creces mediante la alegría de ver nacer a los potrillos.

Los ponis de las Shetland tienen fama de tener partos fáciles, casi nunca requieren asistencia; pero siempre puede haber complicaciones. Leona me había advertido la noche anterior, cuando me llamó, que había nacido un único potrillo y que varias yeguas estaban a punto. Me explicó que debía fijarme en si alguna daba muestras de malestar, y que los indicios de un parto inminente podían ser cosas como que se pusiera a rodar por el suelo, a correr de un lado a otro, a comer hierba desaforadamente... También me describió los síntomas que indicaban que había problemas y me dio instrucciones sobre qué hacer en tal caso. Me facilitó una lista de números de teléfono —veterinario, familia y vecinos— y me dijo que me sirviera de la lasaña que dejaría en el frigorífico. Yo estaba entusiasmada ante la perspectiva de aquel día que tenía por delante, aunque me daba cosa separarme de Yoda, que era tan pequeño aún... ¿Se sentiría solo si yo estaba fuera todo el día?

Primero fui a ver a los ponis del prado que quedaba más lejos de la casa; me senté en una piedra grande desde la que abarcaba el prado al completo. La particular geología de las Shetland hace que se concentre una llamativa diferencia de paisajes en una zona reducida. Aquí había arenisca bajo la tierra, lo que generaba, sumado a la topografía relativamente llana, un terreno fértil, perfecto para la agricultura. En estas islas, la escasez de áreas cultivables supone que la presencia humana haya sido constante en torno a ellas: todavía quedan casas de *crofts* construidas en el siglo XIX con sillares tomados de *brochs* —torres troncocónicas de la Edad del Hierro— de dos mil años de antigüedad, situadas al cobijo de unas misteriosas motillas neolíticas llamadas *burnt mounds* sobre las que pastan ovejas y ponis. Este paisaje es un tapiz en el cual los restos de antiguos muros viven en el presente, lo que establece un vínculo con los creadores del pasado.

Los verdes campos estaban separados por muretes de piedra seca y, a intervalos regulares, se distinguían los contornos de *planticrubs*. Aquellas pequeñas cercas ya no se usaban para la agricultura, pero algunas seguían cumpliendo su función: dentro crecían —hasta la altura del muro— árboles y arbustos que allí encontraban protección contra el viento y las hambrientas ovejas. Hacía bastante aire y, aunque estaba sentada al calor del sol, el horizonte me advertía que se acercaba lluvia. Siete ponis, todas ellas en un estado de preñez avanzadísimo, estaban paradas con los culos colocados contra el viento; en general no hicieron demasiado caso a mi intrusión en su prado. Una yegua blanquinegra alzó la cabeza y se arrimó a mí. Noté la calidez de su hocico y, mientras olisqueaba mis manos y mi cara, el olor de su aliento herboso me trajo unos vívidos recuerdos de mi infancia en cuadras de hípicas. Me quité los guantes y le rasqué el cuello; la brisa se llevaba mechones de su pelaje invernal. Puso su cabeza en mi hombro y mordisqueó con suavidad mi chaqueta, moviéndose al ritmo al que yo la rascaba. Este comportamiento es muy habitual entre los equinos: se pegan y se acicalan unos a otros. Y a veces hacen extensiva tal práctica a los humanos que se toman el tiempo de acicalarlos… A algunos de los demás les entró curiosidad y nos rodearon, olisqueándonos y frotándonos con el hocico. Su respiración ofrecía un poco de confort frente al frío.

Fui a la casa para entrar en calor. Desde la ventana tenía una buena perspectiva del prado más cercano, en el que pacían las ponis que Leona pensaba que podían parir en cualquier momento. Jewel[21], una bonita yegua de color marrón y blanco, se puso a revolcarse por el suelo y luego fue a la esquina del prado, donde se quedó quieta con los ojos cerrados. Cuando otra se aproximó a ella, echó las orejas para atrás y se marchó, el corazón me dio

[21] *Jewel* significa «joya».

un vuelco: ¿significaba eso que estaba a punto de parir? ¿Sabría yo qué hacer, si así era? Entonces me acordé de una cosa que me dijo Leona —que algunas yeguas, aunque estuviesen «a reventar», no se decidían a parir si pensaban que había alguien mirando— y decidí quedarme dentro, desde donde podía ver sin ser vista.

A los cinco minutos, Jewel fue al paso hacia las otras, junto a las que se puso a pastar. Encantada de que no hubiera llegado la hora, salí y me senté de nuevo con los ponis. Estaba deseando que se me acercara un potrillo de sólo unos días. Marrón y blanco, con su crin de punta, sus largas patas y sus huesudas rodillas, era una auténtica monada. Parecía curioso: me miraba, aunque no se separaba de su madre; trotaba pegado a ella y mamaba a menudo. De repente daba la impresión de que cogía un poco más de confianza: se acercaba a otras yeguas, que se alejaban de él pitando y se quedaban mirando al potrillo y a su madre. Aquello me recordó a la reacción de las ovejas con Yoda: ¿acaso pensaron que yo era su madre y que las atacaría para defenderlo? Decidí que, la próxima vez que fuese al promontorio, mantendría más distancia para comprobar si así las otras entendían que podían juntarse con él sin problema.

Cuando la familia volvió, les conté cómo se había comportado Jewel. Leona dijo que estaría un poco más pendiente de ella porque tenía pinta de que iba a parir en breve. Su marido, que se había pasado el día ayudando, a su vez, en los partos de las ovejas, me enseñó fotos de los corderillos. Estaba siendo un año tan húmedo que éstos necesitaban chalecos. Me mostró una imagen con una fila de corderos ataviados con abrigos impermeables de color naranja chillón. Como el olor era tan importante para que las hembras y sus crías se reconocieran, les dejaban pasar dentro juntos la primera noche (antes de vestirlos). Se me llenaron los ojos de lágrimas al acordarme de mi corderillo huérfano, que dormía solo con una bolsa de agua caliente, rechazado por su madre y por sus congéneres...

Tratando de mantener la compostura, sonreí cuando Leona me preguntó por Yoda, asombrada de que supiese de su existencia. Me dijo que ellos todavía no tenían ningún huérfano, pero que mucho le extrañaría que acabara la temporada sin que se hubiesen hecho cargo de al menos uno de aquellos *caddies*. El padre de Leona me explicó que, si se daban prisa, en algunas ocasiones lograban que los adoptase otra hembra; hubo un año en que una sin crías, además de quedarse con uno, llegó a producir leche para él. Hizo una pausa antes de proseguir con una historia de un pastor que conoció hacía muchos años, una persona aparentemente inteligente... pero con poco sentido común. Resulta que tenía una cabra que había dejado de dar leche; el hombre pidió consejo a los dueños de los *crofts* y éstos le dijeron que había que cubrirla. A la mañana siguiente, la comunidad se dio cuenta de que el pastor no se había enterado de nada pues, en lugar de llevarle un buen macho, había cubierto a su cabra con prendas de lana. Yo me eché a reír... sin querer reconocer que, hasta hacía un par de semanas, tampoco habría entendido a qué se referían con «cubrir».

Aquella noche, seguía habiendo luz mientras esperaba el ferri de las 9. El verde del campo había adquirido un esplendor dorado; el mar refulgía. Mirando luego cómo el barco atracaba con suavidad —devolviéndome a casa con mi corderillo tras un día entero con ponis de las Shetland—, me maravillé de cuánto había cambiado mi vida en cuestión de meses.

### Boda en Whalsay

A la mañana siguiente encontré a Yoda algo desmejorado. Se tomó el biberón, pero después se quedó parado en el jardín mordisqueando unas briznas de hierba... Al final se tumbó y cerró los ojos, algo que contrastaba tanto con su comportamiento habitual —correteando vivaz de un lado a otro— que me preocupé. Busqué en Google «Cordero aletargado qué hacer» y «Cómo tratar a un cordero enfermo» y no tardé en enterarme de que cualquier cosa puede matar a un corderillo... Yoda soltaba unos ruiditos guturales y rechinaba los dientes. Por lo que me dijeron algunos amigos que tenían ovejas —y por lo que leí en internet—, parecía que podían ser gases. Apoyé la cabeza de Yoda en mi hombro y puse el brazo bajo su pecho para mantenerlo en pie, a la espera de que la veterinaria me devolviera la llamada. Le noté el estómago, en efecto, bastante hinchado, de modo que le di un suave masaje para ayudarle a expulsar los gases. Los sonidos guturales se intensificaron... y enseguida soltó un eructo, y después otro. Yo insistí con mis cuidados, animada al ver que los gases continuaban saliendo por ambos extremos.

Cuando oí el *quad* de Lowrie, fui a buscarlo y le pregunté si podía echarle un vistazo. Él lo cogió con delicadeza, le palpó el vientre y las piernas y le miró también la boca y los oídos, todo ello sin dejar de dirigirse a él con tono suave: «¿Qué te duele, corderillo? A ver, ¿qué te duele?».

Me explicó que a veces las hembras abandonaban a sus crías porque notaban que algo no iba bien. Me dio un vuelco el corazón recordando las palabras de la dueña de Yoda: que era extraño que la madre hubiese abandonado al mejor cordero y aceptado, en cambio, al más débil. Ante mi disgusto, Lowrie me calmó y me dijo que aún había esperanzas; que los ojos le brillaban y se mostraba curioso, lo que era bueno; que era normal que estuviera de repente un poco pachucho, y que probablemente se recobraría con una inyección de vitaminas.

La veterinaria me dijo que tenía un hueco al día siguiente, pero que, entre tanto, redujese la cantidad de leche en polvo que diluía en los biberones. Me explicó que los corderos de las Shetland a veces respondían mal a la proporción estándar prevista para la leche ovina de fórmula, y que tal vez ayudase aguársela un poco. Hasta que fuésemos a la consulta, debía darle a Yoda el doble de biberones, pero con la mitad de polvo.

Era el día de la boda de nuestro vecino y yo llevaba toda la mañana en el cobertizo… No quería dejarlo solo, pero sentía que rechazar una invitación tan amable para quedarme con un cordero podía resultar una grosería imperdonable. Inquietos por que la gente no entendiera la situación, Steve y yo acordamos que nos turnaríamos para escaparnos con discreción con el coche y darle el biberón a Yoda cada dos horas… Llevamos sus mantas y la bolsa de agua caliente a la cocina y le preparamos una camita en una caja de cartón. Al verme de reojo en el espejo, me percaté de que tenía bastante que hacer hasta estar en condiciones de asistir a una boda: tenía la piel y la ropa cubiertos de caca, y los ojos enrojecidos e hinchados de llorar. A pesar de mis esfuerzos por no encariñarme, estaba, por supuesto, enamorada de aquel ser lanudo que pegaba brincos, balaba y me seguía a todas partes. La idea de perderlo me partía el alma…

Cuando llegamos, la fiesta estaba en todo su apogeo. Charlamos con amigos y vecinos, y hacia las ocho se produjo la invitación que yo aguardaba: el padre de la novia me preguntó si quería ir a ver la cabaña donde estaban cocinando. Cada isla del archipiélago tiene sus propias tradiciones nupciales; en Whalsay, una es comer carnero. Durante los meses que llevaba viviendo allí, había oído algunas cosas sobre el ritual. En los días previos al casamiento se eligen catorce ovejas, y se empieza a cocinar la mañana de la celebración. El banquete siempre lo prepara el mismo grupo de hombres en el mismo sitio. No sabía bien qué me esperaba: las historias que había oído no se detenían en los detalles, pero todo sonaba «un poco como el "Infierno" de Dante: puro humo de turba y violines…».

Al franquear la puerta de la cocina, el calor y el olor de la carne me golpeó como una fuerza física. Dominaba la estancia la chimenea más grande que yo había visto en mi vida, en cuyo interior ardían montones de turba que relucía con intensidad en aquel habitáculo tenuemente iluminado. Encima de las llamas había un gran barril de cerveza de acero cortado por la mitad con un número 2 pintado en su tapa de madera; en torno a él, a distintas distancias con respecto al fuego, vi unos cuantos más, cada cual con un número. En la pared trasera había una pizarra con una lista de cifras y horas. Junto a ella, varias fotografías con pinta de tener ya varias décadas: en todas salían unos hombres cocinando en esa misma estancia. Entre los rostros reconocí a algunos de los que ahora estaban sentados allí, en aquel corro. Serían una media docena: unos con latas de cerveza, otros con vasitos de licor. Un señor mayor con un jersey de la isla de Fair se puso en pie, se acercó a la lumbre y levantó la tapa de la olla para enseñarnos el contenido. Estaba llena de grandes tajadas de carnero y borboteaba. Pregunté qué echaban al guiso y dijo que nada más que carne, agua, cebolla, sal y pimienta. «El sabor de las ovejas criadas en la isla es tal que con eso basta…».

Otros dos sacaron la olla y la colocaron frente al hogar, pusieron otra en su lugar y anotaron algo en la pizarra. El señor mayor me explicó que se trataba de un sistema de rotación: los recipientes acumulaban tal calor que la comida seguía cociéndose aunque los retiraran del fuego. El método que indica dónde van colocándose las ollas y con qué intervalos se ha transmitido de generación en generación. Cuando el guiso llega al salón, se acompaña de pasteles y *bannocks*, todo horneado por los miembros de la comunidad.

«Hoy casi nadie recuerda cómo hacerlo», dijo. «Antes ésta era la comida que se servía en las bodas en todo el archipiélago, pero ahora somos los únicos que cumplimos con la tradición».

Aceptamos un vasito de licor y nos sentamos un rato. El ambiente era relajado y amable. A nosotros nos presentaban como «los nuevos de la casa de Margaret y Willie», y todo el mundo nos hizo sentir muy cómodos. Muchos de los invitados llevaban una botella de *whisky* y un vaso, que llenaban para ofrecérselo al que les quedara más cerca. El agraciado daba un sorbo y se lo devolvía a su dueño, quien lo rellenaba y se lo cedía al siguiente hasta que todos los ocupantes de la estancia hubiesen bebido. En Whalsay me contaron historias de visitantes que no entendieron la costumbre: vaciaban el vaso entero cada vez que se lo tendían… y acababan en unas condiciones lamentables. Al recordar que me tocaba ir y volver con el coche para darle el biberón a Yoda, me limité a dar unos sorbos en mi turno.

La conversación fluía en un batiburrillo de nombres y lugares entre estallidos recurrentes de risa. A pesar de los esfuerzos por incluirnos —y de mi deseo de integrarme en aquel acontecimiento—, tenía la sensación de ser una mera espectadora. Entre el acento, el dialecto y la costumbre isleña de referirse a los demás por sus apodos, apenas me enteraba de nada. Carecía del conocimiento compartido que hacía falta para participar plenamente… La densa neblina del humo de la turba se condensaba en la sala; el fuego crepitaba y las ollas borboteaban; desde la pared sonreían las generaciones previas. Reinaba un ambiente de comunidad en el sentido más propio del término. Aquel guiso para el que usaban carnero y turba de las colinas formaba parte de una celebración en la que amigos, parientes y vecinos continuaban con alegría una tradición isleña. El vaivén de visitas y las charlas, las risas, los apodos y las bromas —practicados y perfeccionados a lo largo de años de vidas en común— eran un baile que conectaba a las personas entre sí y con el entorno.

Cada vez que fui a ver a Yoda esa tarde-noche, lo encontré débil; caminaba con las patas temblorosas y volvía a acostarse nada más terminarse el biberón. Cuando me desperté a la mañana siguiente, me acerqué a la puerta de cocina llena de temor. No oía ningún ruido al otro lado y tenía miedo de qué podría encontrarme. Abrí y, por el borde de la caja de cartón, asomó la cabeza de

Yoda, que baló y vino hacia mí aún trastabillando. Sin duda, los biberones adicionales habían hecho efecto en su vejiga y sus intestinos; el pobre se resbaló en el desastre que había organizado.

Tras adecentarlo un poco y darle el biberón, tocaba coger el ferri y llevarlo a la veterinaria. Me habían prestado una jaula para perros para la ocasión, pues tendría que pasar varias horas en el coche y era el mejor modo de evitar que se hiciese daño. La veterinaria me recibió con un: «La primera vez que me traen un cordero en una jaula para perros...».

Acto seguido me preguntó si comía; después, si hacía caca; por último, si se tenía en pie. Contesté que sí a cada pregunta y, con cada respuesta mía, ella se iba mostrando más estupefacta. Yo le expliqué, un poco incómoda, que lo que ocurría era que me preocupaba porque le notaba raro. Ella lo examinó con detenimiento y concluyó que no había nada reseñable, pero le puso unas inyecciones de vitaminas y penicilina, y me indicó que continuase unos días con los biberones aguados, y que luego volviese a aumentar paulatinamente la cantidad de leche en polvo. Aliviada, subí al coche para regresar a casa, con la intención de llegar a tiempo de coger un ferri que me permitiese asistir a la segunda noche de la boda.

En las Shetland, las bodas, un acontecimiento social, suelen prolongarse una noche más. La primera, la del día de la ceremonia, es un poco más formal, para los amigos y la familia; la segunda, en cambio, es un gran festejo al que están invitados todos los habitantes de los alrededores. En este caso, se celebraba a diez minutos a pie de nuestra casa, lo que facilitaba en parte el asunto de las idas y venidas para los biberones. Y, como el trayecto lo haríamos andando, podría hasta tomarme una copa...

Hacía una noche agradable, con poco viento, y la gente estaba sentada fuera, charlando. Había latas de cerveza repartidas a intervalos regulares, y la mayoría de los invitados habían traído su botella de *whisky* y un vaso para compartir. Yo tenía intención de ir a alimentar a Yoda sin que nadie lo advirtiera ni supiese por qué me había ido, pero, cuando alguien me preguntaba por el corderillo, no podía evitar dar rienda suelta a mi congoja. Para mi sorpresa, todos se mostraron de lo más comprensivos: me decían que, en efecto, era increíble el cariño que se les cogía a esos huérfanos, y compartían conmigo sus propias experiencias con *caddies* de los que se habían prendado.

Me contaron la historia de un hombre que se había encargado de darle el biberón a una hembra cuando era un corderillo huérfano y se había encariñado muchísimo con ella... pero cuya presencia continua y ruidosa resultaba muy molesta para la familia de éste. Resultaba que, cada vez que ellos intentaban venderla, el hombre se negaba. Tal indulto se hizo extensivo, de hecho, a los descendientes de la oveja en cuestión. La hija de aquel hombre nos dijo que era bastante probable que todas las ovejas marrones de la zona fuesen tataranietas de ese *caddy*... Una mujer mayor recordó a un corderillo del que se encargó cuando tenía siete años. Su madre la obligó a devolverlo al final del verano. Contaba que distinguía su balido de los del resto del rebaño. Estuvo semanas llorando porque le escuchaba: él la llamaba y ella no podía ir a buscarlo... Otra me habló de una amiga suya que había pintado a sus *caddies* con rayas de cebra la víspera del día en que tenían previsto venderlos para que así su padre no se los llevara a la subasta...

De manera que el amor que yo sentía por mi *caddy*, un amor que había pensado que me separaría más aún de aquella comunidad, resultó ser una experiencia compartida que me conectaba más a ellos; si bien es cierto que, en general, los demás habían pasado por ella en su infancia. Hacerse cargo de *caddies* es una de las formas en que las generaciones jóvenes adquieren práctica en el *croft* familiar y aprenden sobre el cuidado solícito, la vida y la muerte. Mucho tiempo después de que las «ovejas individuales» ya no existan, el amor que suscitaron permanece; revive cuando se relatan sus historias... por las que fluyen el cariño, la comprensión y el conocimiento. Y yo acabé entendiendo tales sucesos como parte del paisaje, de la vida social que interconectaba a personas y animales de una generación a otra, como parte del entramado natural del lugar...

Sabiendo que las narraciones setelandesas encierran instrucciones prácticas para la vida isleña, estaba muy atenta a las de animales. Me percaté de que, al enterarse de que me había hecho cargo de Yoda, varios vecinos se acordaron de «una forastera que acabó teniendo cien cabras». La mujer se mudó a la isla, adoptó una cabra... y después otra y otra más. Carecía, sin embargo, del conocimiento o la experiencia necesarios para ocuparse de ellas en condiciones y sus vecinos tuvieron que intervenir; de hecho, acabaron haciéndose cargo de su rebaño... Es una historia que se repite: algún novato asume a la ligera el cuidado de animales y, cuando las cosas, inevitablemente, se tuercen, es la buena voluntad de la gente la que le saca del apuro. Yo sabía que aquellas anécdotas encerraban la advertencia de que no me hiciese cargo de más criaturas, por lo que tomé la resolución de esforzarme todavía más para enseñar a Yoda a ser una oveja como es debido, de no marcharme de allí dejándoles a un *caddy* problemático cuando mi trabajo de campo concluyera.

Por fortuna, Yoda se recuperó. Un día fui a caminar con él por el promontorio y lo guié hacia el rebaño de Lowrie, que pacía a lo lejos. Él andaba con paso firme y pegaba brincos de nuevo. Four White Feet y V-Face avanzaron un poco hacia nosotros y yo, acordándome de la reacción de las yeguas ante el potrillo en el criadero Robin's Brae, retrocedí. Yoda se quedó parado un momento... y regresó de un salto a mi lado. Probé otra vez, animándole a ir con sus congéneres y retirándome con cuidado. Four White Feet me miró, luego miró a Yoda... y se aproximó a él, que no le quitaba ojo. Ella lo olisqueó y él lanzó un balido de pánico y salió corriendo hacia mí a toda velocidad; Four White

Feet volvió con sus compañeras. Ojalá no perdiese el interés en él, pero, por el momento, tampoco era tan grave que Yoda no se comportara como una oveja. Lo primero era que se recuperara por completo…

Cuando entraba con Yoda en el prado de las ovejas, éstas alzaban las cabezas y olfateaban el aire de un modo que se me antojaba más propio de ciervos o antílopes. Nunca había visto a ninguna oveja haciendo eso. Lo normal era que, en cuanto detectaban mi presencia, se hiciesen pis y echasen a correr. Pero el rebaño ya estaba acostumbrado a mí, me asociaba a la comida y parecía bastante relajado aunque yo rondara cerca. Me hice más consciente de mi propio cuerpo en relación con ellas, moviéndome deliberadamente de maneras con las que pretendía transmitirles que no era una amenaza, y que tenían permiso para hablar con Yoda. Four White Feet era la más osada, la que más se alejaba de las otras. A medida que ella y Yoda trababan contacto, yo seguía con mi truco de ir retrocediendo despacio para que mi cordero no reparase en ello. Y, conforme lo hacía, Four White Feet avanzaba. Al principio, cada vez que olisqueaba a Yoda, él salía corriendo. Con el tiempo, fue dejando que ella le tocase y, llegado un punto, también él la olisqueaba. Four White Feet, más segura con aquella situación, iba hasta Yoda aunque él estuviese junto a mí, e incluso le perseguía si él reculaba. Le pregunté por ella a Lowrie, quizá fuera un *caddy*; se la veía tan confiada… Me contestó que no, que no había sido un corderillo huérfano, pero que siempre habría sido dócil. Había tenido corderos en años anteriores y tal vez Yoda le despertaba el instinto maternal.

«Le traeré al carnero cuando sea la época, así tendrá su propio corderillo el año que viene».

Volví a visitar a June, deseosa de que me contara más sobre su vida con los ponis. Cuando llamé, me recibieron una avalancha de ladridos y dos grandes labradores negros que se lanzaron contra la puerta de cristal seguidos de June, que los apartó para abrirme.

«No deberías haber llamado. Los confunde», me explicó, invitándome a pasar a la cocina.

Apenas me hube sentado, Vinnie, el más joven, me puso las patas en las rodillas. En la boca tenía un juguete. Se me arrimó tanto que casi me tocaba la nariz con el hocico. June le dijo que menudo cansino estaba hecho, y me explicó que pretendía ponerme a mí el juguete en la boca y que yo debía rechazarlo. Así lo hice. El perro, no convencido con mi negativa, se separó un poco sin quitarme ojo e hizo amago de volver a la carga… hasta que por fin desistió y se fue con el otro, que estaba dormitando junto a la ventana.

Mientras tomábamos un té, June me contó que, de niña, le encantaba contemplar a los ponis de las colinas y que llevaba un diario en el que iba anotando lo que hacían, tratando de aprenderlo todo sobre ellos. Aunque llevaba décadas trabajando con ellos, nunca había dejado de aprender, porque los ponis tienen mucho que enseñarnos. Desde la mesa a la que estábamos sentadas, había unas vistas espectaculares de la ensenada, donde un pequeño puerto brindaba cobijo a algunas barcas pesqueras. Ella me explicó que, allí, cada cual conocía las barcas del resto, y esa atención solícita los protegía frente a los peligros del mar. El sentido de la comunidad es una parte fundamental de la vida setelandesa: las personas se cuidan, siempre están dispuestas a ayudar a sus vecinos.

Fuimos con el coche a la colina a ver a sus ponis. Aparcamos delante de un amplio prado, saltamos una puerta y subimos por la ladera. June dio un par de voces para hacer saber a los animales que estaba allí. Enseguida asomaron dos ponis, y tras ellos más y más, que bajaron hacia nosotras. Cuando estaban a medio camino, cambiaron de rumbo y se alejaron al trote. «¿Adónde vais?», les gritó June.

Al parecer, no estaban acostumbrados a recibir a dos personas, por lo que convenía que nos sentásemos un rato y permitiéramos que se acostumbraran a mi presencia. Los ponis no tardaron en regresar; se aproximaron despacio, con las orejas tiesas, alertas. June me presentó a la matriarca de la manada: la yegua a la que los demás obedecían. Le habló con suavidad, rascándole el cuello; luego se levantó y volvió hacia los comederos. La manada la siguió; sus cascos chapoteaban en el lodo. Cuando hubimos llenado los comederos, los ponis se congregaron a su alrededor, tratando de hacerse hueco.

June señaló a una joven yegua pía: «Ésta es Hirta. Está a punto de trasladarse a Whalsay para encontrarse a sí misma».

Me explicó que Hirta era un buen poni, con buena planta, inteligente y con un magnífico pedigrí. Había tenido un potrillo el año anterior, pero no estaba demasiado contenta con la experiencia y, de hecho, no se le había dado muy bien; por eso no iba a dedicarla a la cría.

«Es importante observarlos», insistió, «ver cómo responden a diferentes situaciones y descubrir qué les gusta». Quería que sus ponis disfrutaran de la vida y se proyectaran en algo; por eso iba a llevar a Hirta a Whalsay con Roselyn, por si prefería ser un poni de equitación.

Después cruzamos la carretera hasta otro prado en el que había dos yeguas jóvenes, una castaña y otra picaza. «A éstas las tengo en el punto de mira, a ver por dónde salen».

Estaba planteándose vender a la picaza, que se estaba convirtiendo en una mala influencia: no dejaba comer tranquila a la castaña, la molestaba y distraía constantemente, y la perseguía sin parar. Estaba consiguiendo que esta última se volviese inquieta y alborotada. Aun así, se la quedaría y la llevaría con la manada de yeguas de la colina, donde tal vez, con su ejemplo, acabase sosegándose.

## Crepúsculo estivo

Volví a Whalsay en el último ferri y ya era casi medianoche cuando me dirigí hacia el promontorio, adentrándome en el «crepúsculo estivo». Todavía se apreciaban los colores del atardecer; el cielo era un *collage* de pálidos rosas, amarillos, púrpuras y un llamativo azul de huevo de pato. El mar, ligeramente ondulante, relucía como ópalo y rompía con suavidad en la costa rocosa. No estaba demasiado oscuro, y en el cielo, la luz había cobrado un matiz inusual: como si la irradiaran la tierra y el océano... Entre los agudos graznidos de los ostreros y los hipnóticos gorgoritos del zarapito, advertí un sonido nuevo. Robbie y Lowrie llevaban semanas anunciando el regreso del *tirrick* —que es como en las Shetland llaman al charrán ártico—, hablando de las fechas en que había aparecido en años anteriores y haciendo predicciones para aquél. Esta ave pasa los meses de invierno en el sur de Europa y en África, y regresa a las zonas costeras de las islas británicas en primavera.

Bajé a la playa. Los charranes volaban en círculos, rompiendo la quietud del aire. Aunque me mantuve a distancia de la zona de los nidos, el ruido de la colonia se intensificó hasta convertirse en un griterío ensordecedor. Tres de ellos se separaron del resto y vinieron hacia mí. Se detuvieron justo sobre mi cabeza, planeando con sus alas de plata, suspendidos. Parecían delicados, bellos, casi angelicales. Sin embargo, incluso en las crecientes sombras del atardecer, sus picos se antojaban traicioneros y sus graznidos me dieron escalofríos...

Regresé al promontorio. La belleza de la luz de medianoche hacía cobrar vida, con una suerte de hechizo, a lo efímero e intangible del paisaje. Recordé estas palabras de Neil M. Gunn:

> Mucha gente es sensible al peculiar poder del crepúsculo, sobre todo en lugares solitarios. Para mí, evoca figuras que conocí de

> muchacho; hipnóticos momentos de trance en lo profundo del bosque: fijos los ojos en una roca hendida y los oídos al acecho de lo inaudible. Dos órdenes del ser, lo visible y lo invisible, se detienen en el umbral de esta hora gris y, cuál vaya a abatirse sobre el otro, difícilmente se sabe…

En aquel sosiego, los mundos se fundieron en uno. Antes cualquiera sabía que en las Shetland viven troles, unas personitas que no alcanzan el metro de altura y son horrorosas. Habitan el subsuelo, por lo general debajo de unos montículos redondeados que llaman *knowes*. Al caer la noche, les da por hacer todo tipo de trastadas en los *crofts*: ordeñar a las vacas, robar comida de la cocina o colarse en el salón para calentarse junto al hogar. Aunque suelen ser discretos —se los conoce por los resultados de sus actos—, hay historias que refieren encuentros cara a cara: iluminadas por la luna o por los últimos rayos del sol, unas extrañas formas surgen del paisaje y tientan a los humanos a acompañarlos a sus moradas subterráneas. Se cuenta que, como les fascina la música, a menudo eran humanos músicos los invitados a sus guaridas. Algunas de las melodías setelandesas para violín más famosas llevan los nombres de los troles que se dice que las compusieron. Me quedé allí sentada disfrutando el instante, preguntándome por todos esos aspectos invisibles de la existencia que tal vez compartiesen nuestro mundo…

Aunque mis primeros pensamientos fueron para las leyendas populares, éstas no fueron lo único que confirió magia al paseo. Estaba mirando desvanecerse la luz que irradiaba aquella tierra resplandeciente y escuchando al zarapito, cuando las ovejas de Lowrie bajaron despacio hasta la playa a comer algas. Las esquilarían en breve, recogerían su lana, la hilarían y la convertirían en jerséis de las Shetland. En otoño, a las hembras las juntarían con el carnero y sacrificarían a los machos castrados de más edad, cuya carne alimentaría a familias que llevaban generaciones viviendo allí. En primavera, el ciclo volvería a comenzar, al sumarse corderos al rebaño y continuar, personas y animales, su vida juntos como parte del bello paisaje. Y de pronto me sentí conectada con el flujo y el reflujo de la vida local, feliz de ser parte de aquel lugar…

# 4
# FOULA

Mientras caminábamos por la pista hacia la diminuta avioneta azul, me volví hacia Steve en busca de ánimos ante el vuelo inminente. Aunque estaba deseando que llegara aquel viaje, hasta ese momento no había cobrado conciencia de lo pequeños y aparentemente frágiles que eran los aviones isleños... Antes de que pudiera siquiera verbalizar mi aprensión, el piloto abrió la puerta y nos pidió que ocupáramos nuestros asientos y nos abrocháramos los arneses. Desde dentro, la aeronave se me antojó, si acaso, más diminuta aún: ocho asientos bien pegados los unos a los otros, con las luces y diales de la cabina casi al alcance de la mano... De repente el avión empezó, todo él, a agitarse y a vibrar como si cobrara vida a la señal del ensordecedor rugido de los motores. Traté de concentrarme en las hélices... pero mis ojos no podían evitar desviarse hacia las alas, trozos de metal ensamblados entre sí con remaches y unidos al cuerpo del aparato. Me dije a mí misma que todos los aviones están hechos de piezas acopladas, sólo que no se distinguen las junturas...

Avanzamos a trompicones por la pista. Yo suponía que giraríamos, cogeríamos velocidad y despegaríamos en la otra dirección; pero pronto advertí, para mi sorpresa, que ya habíamos dejado el asfalto y estábamos en el aire. Sentía el aparato elevarse y dar tumbos con las ráfagas de viento —el estruendo de los motores aún más agudo—; el piloto trasteaba con los mandos y hablaba por el micrófono de los auriculares. Aunque no distinguía sus palabras, el tono relajado de su voz me ayudó a calmarme y a pensar que todo transcurría dentro de lo normal. En unos minutos, nos nivelamos. Nuestra altura de crucero era tan baja que alcanzaba a ver los detalles del mundo allá abajo con nitidez. Observé el panorama que se me ofrecía: kilómetros de escabrosas colinas salpicadas de *crofts* y de franjas de verde. Seguimos la línea de la costa, donde no dejaban de romper, contra las rojas rocas, olas de blanca cresta cuyo movimiento era un eco de la sensación del viento que nos zarandeaba. Cuando súbitamente giramos para adentrarnos en el mar, divisé, en aquella península ribeteada de acantilados, cuatro puntos minúsculos: eran ponis setelandeses, y me maravillé ante su capacidad para fundirse en el agreste entorno.

Frente a nosotros se alzaban cinco cumbres, única tierra visible en el vasto océano: el confín del mundo. Situada a unos treinta kilómetros de Mainland —la mayor de las Shetland— y con unos treinta habitantes, Foula es uno de los rincones más remotos de Reino Unido; una isla que había tenido bien presente desde el mismo instante en que pisé el archipiélago. Cada vez que me asomaba al Atlántico, atraían mi atención y mi imaginación las brumosas colinas de Foula, que ora se veían tentadoramente próximas, ora se habían vuelto invisibles por las condiciones atmosféricas.

El avión se tambaleó y el zumbido cambió cuando empezamos a descender. Ya estábamos bien abajo, se apreciaba la espuma de las olas… pero ni rastro de un sitio en el que aterrizar.

Ladeándonos en un ángulo alarmante y pegando unas sacudidas de vértigo, giramos para dirigimos directos a las colinas. Atisbé un largo valle, verde y vacío salvo por las solitarias casas de unos pocos *crofts* y una única franja de asfalto que supuse sería el aeropuerto. Sin reducción aparente de la velocidad y entre ligeras oscilaciones, el avión se lanzó a tierra firme, dando unos cuantos botes antes de quedar por fin inmóvil, enmudeciendo entonces los motores y ralentizando las hélices su giro hasta detenerse por completo.

Al punto, la puerta se abrió y nos saludó con entusiasmo Fran, una joven vestida con mallas, botas de agua y un jersey de la isla de Fair. Se presentó como la dueña de la casa en la que íbamos a alojarnos y dijo que nos acercaría con el coche en cuanto hubiese ayudado a otras personas a subir al avión. Caminamos hasta un pequeño refugio junto a la pista y observamos los preparativos para el despegue. Había un coche de bomberos aparcado en un extremo de la pista, y una mujer con un mono reflectante tomaba una lectura de la estación meteorológica sin perder de vista un rebaño de ovejas que deambulaba por allí, preparada para ahuyentarlas en caso de que se colaran. Tras subir unas cajas a bordo, el grupo se despidió y la puerta se cerró. Reparé entonces en una cesta llena de largas varas de madera a la que habían pegado un letrero manuscrito que decía BONXIE STICKS £1 («Palos para págalos a una libra esterlina»). A su lado había un taco de tarjetas de visita que anunciaban la TIENDA DE *SOUVENIRS* DE ROBERT, sita en la escuela. Fran se rio al verme coger una y dijo que Robert era todo un empresario y que de verdad merecía la pena visitar su negocio. Yo estaba un poco perpleja, porque creía que en la isla no había comercio alguno, pero ella me explicó que Robert, un niño de diez años que era el único alumno de la escuela, hacía manualidades para vendérselas a los escasos visitantes, y que el dinero que recaudaba lo dedicaba a comprar material escolar. Aquel año habían sido unos iPads…

Enfilamos la única carretera de la isla, un tramo de tres kilómetros de tosco asfalto; si nos cruzábamos con alguien, Fran paraba el coche para charlar un rato, presentándome y dando detalles acerca de mi investigación, después de lo cual pasaban a tratar asuntos locales: dónde se habían visto ponis, el concurso de ovejas que tenían pendiente y la probabilidad de que amaneciese nublado. Fran nos hablaba animadamente de su *croft* y su rebaño, así como de su esperanza en que el número de alumnos de la escuela aumentase, de manera que, cuando su hijo tuviese edad de asistir, compartiera la clase con algún otro niño. Cada una de sus palabras y ademanes irradiaba un profundo amor por su hogar...

En pocos minutos llegamos al extremo de la isla. La carretera se convertía allí en una pista de grava que descendía hacia una amplia casa tipo *croft* cobijada entre la colina y el mar. Fran nos ayudó con el equipaje y dijo que seguro que nos veríamos por allí y que le diéramos un toque si necesitábamos algo. La casa carecía de un teléfono fijo, pero nos indicó algunos puntos hasta los que podíamos ir andando para tener cobertura en el móvil. En caso de emergencia, lo mejor era acercarse a la vivienda más próxima —señaló la carretera— para usar su teléfono. Cuando su coche se alejó y yo me quedé ahí parada —en el suave murmullo melódico del viento—, me sobrevino una intensa sensación de aislamiento.

Las colinas, cuyas abruptas cumbres se recortaban contra un cielo de plata, se me antojaban anormalmente reales, casi inquietantes, dominando el paisaje y tirando de mí hacia él. Di un paseo por la costa hacia la loma más cercana, adentrándome en el color y el movimiento reinantes. Caminaba por una florida alfombra de diminutas orquídeas de color púrpura, escilas, ranúnculos y margaritas de tallos cortos con los pétalos muy cerca del suelo. A mi alrededor pacían ovejas y corderos de vellocinos dorados, marrones, de los tonos del carbón vegetal y blancos, con múltiples combinaciones intermedias. Los mechones de lana que se habían quedado enganchados en la maleza añadían color al baile de la hierba algodonera, que se balanceaba con el omnipresente viento. Con la enhiesta colina irguiéndose a mi lado, me tumbé boca abajo y me arrastré por una angosta península cuya empinada ladera me daba vértigo, temiendo despeñarme hacia las olas de su lejano fondo. Gorgoteantes ecos profundos que parecían provenir de las entrañas de la tierra apuntaban a que debajo de mí habría cuevas ignotas… Avancé, centímetro a centímetro, hasta llegar a un punto donde podía volver la cabeza y divisar el sitio en que la pendiente se convertía en un acantilado vertical. La roja arenisca refulgía a la luz del sol poniente, y por su abrupta cara se extendía un *collage* de erosionadas grietas y fisuras que, en muchos casos, servían de hogar a parejas de fulmares cuyo graznido resonaba entre la roca, el mar y el cielo. En las cornisas más cercanas al agua habitaban araos y alcas, y el penetrante olor del guano cargaba el ambiente. De pronto, del ribete de clavelinas de mar que marcaba el límite de la costa asomó una cara. Se trataba de un frailecillo al que, de inmediato, siguió otro. Contuve la respiración mientras se acercaban, conscientes de que yo estaba allí, pero sin rehuirme. Me asombró el detalle de sus plumas, el asombroso color de sus picos y sus patas. Pasaron a mi lado… y desaparecieron. Me quedé de piedra cuando de pronto aparecieron un montón más; salían de una red de madrigueras ocultas. Los había que llevaban hierba en el pico, y los ruidos de trajín y las nubes de polvo que traía consigo el viento inducían a pensar que estaban excavando y mejorando los nidos. Una pareja frotó sus picos en lo que constituía un baile de intimidad, un acto de recuerdo. Apenas unas semanas antes, aquellas dos aves no estaban juntas, sino separadas en mitad de un vasto océano… hasta que se reencontraron, como cada verano, en el mismo escondrijo.

Todos los años, desde antes de que la historia de la isla se escribiese, las aves marinas acudían a millares a sus costas para criar polluelos cuando la primavera dejaba paso al verano y regresaban al océano después. La abundancia estacional se convirtió en un pilar de la dieta de los nativos. Hombres sujetos con cuerdas se jugaban la vida en impresionantes descensos por los acantilados para echar mano de pájaros y huevos que complementaran lo que cultivaban en las pequeñas superficies de tierra fértil. Hoy los habitantes de Foula siguen prestando mucha atención a sus vecinos aviares, observando sus comportamientos y sus patrones de anidamiento, contando las parejas y los polluelos y compartiendo tales observaciones con organizaciones ecologistas para contribuir a la confección de un panorama de la salud de las aves marinas en Reino Unido. La isla está declarada Zona de Especial Protección para las Aves, y los acantilados gozan del estatus adicional de Sitio de Especial Interés Científico en virtud de las inmensas colonias que albergan. Tal esfuerzo por parte de los lugareños contribuye a garantizar que esos viajeros oceánicos tengan siempre un hogar seguro al que volver.

El nombre de Foula proviene del nórdico antiguo *Fuglaey*, que significa «la isla de los pájaros». Y allí estaba yo, en su casa, en aquel mundo de tiempo, sucesión de estaciones y piedra. Rompió el hechizo una ráfaga de viento que, más fuerte y persistente que las anteriores, me recordó lo precario de mi posición y la conveniencia de retroceder hasta un terreno más firme. La puesta de sol infundía en la bruma marina un cálido resplandor mientras el océano de color peltre se veteaba de rosa. Unos curiosos *selkies* me observaron en el camino de vuelta a casa.

## La oficina de correos

Seguí la flecha de un letrero pintado a mano hasta una aldea. Un garañón picazo daba cabriolas, vigilante; el viento batía su crin. En otro prado, una yegua gris y un potrillo castaño, parados y con las orejas tiesas, observaban a un poni marrón que se acercaba a la puerta. Unas cajas de pescado reconvertidas en tiestos rebosaban de capuchinas amarillas y rojas, y en la pared de la vieja casa de piedra un gran letrero rojo anunciaba OFICINA DE CORREOS. La puerta del vestíbulo abierta daba paso a una sala diminuta con un largo mostrador de madera lleno de folletos, sobres y material de papelería. Detrás estaba Sheila. Por su pelo gris, recogido en una cola de caballo, supuse que rondaría los sesenta o setenta. Guardó silencio mientras yo me presentaba y le explicaba un poco mi investigación. Me dijo que había oído hablar de mi proyecto y que estaría encantada de participar, añadiendo que, como ella estaría allí hasta la hora del cierre, teníamos tiempo de sobra para hablar. Yo, pasmada ante el tamaño de la estafeta —impresionada, de hecho, de que existiera en una comunidad tan pequeña—, le pregunté si podía hacerle una foto. La mujer aceptó de una forma lo suficientemente amable... pero con ese aire de ligera resignación propio de alguien un poco harto de la misma petición. Comprendía, sintiéndome un poco culpable, que todo el mundo quisiera llevarse una imagen de la oficina de correos más remota de Reino Unido... Me apresuré a saltar al tema de los ponis, pues no había visto muchos desde mi llegada.

«La mayoría anda por ahí fuera», me explicó haciendo un gesto hacia atrás, en dirección a la colina.

Aunque no saliera a verlos a diario, estaba bastante segura de dónde se encontraban. En sus correrías diarias —haciendo exhibiciones de doma de ovejas, acompañando a visitantes en excursiones guiadas o participando en conteos de pájaros—, ella se iba fijando siempre en dónde estaban y qué hacían. Aquella atención le había valido un hondo conocimiento de las preferencias, amistades y hábitos de sus ponis. Con el tiempo, se había dado cuenta de que las yeguas más viejas, aunque fuesen de manadas distintas, acababan juntándose. Tales grupos solían evitar al garañón, para que no las preñase. Aunque ya no hubiese, sin embargo, garañón en las colinas, a las «jubiladas» les gustaba reunirse…

Sheila había aprendido a interpretar los comportamientos de la manada en relación con las condiciones meteorológicas y las épocas del año, ajustando los ritmos de su propia vida a las enseñanzas que sacaba de su entorno. Los sitios en los que decidían resguardarse los ponis le daba pistas sobre la llegada inminente de un temporal (y con más precisión que los partes meteorológicos oficiales, a menudo demasiado generales para las singularidades de una diminuta isla rodeada por el vasto Atlántico). En verano, si los ponis corrían, hacían cabriolas, sacudían la cola y se dirigían a las zonas altas, sabía que era un buen día para la doma de ovejas. Ellos se desplazaban, en efecto, para escapar de las densas nubes de mosquitos que molestaban al ganado; así, les alegraba que los condujesen al *croft*, donde el viento del mar dispersaba a los insectos.

Si pasaba varios días sin ver a alguno, preguntaba por él a los vecinos. Y si ninguno lo había visto, subía a las colinas a buscarlo. En la mayoría de los casos, los localizaba bastante rápido en los lugares habituales. Habló con tristeza de las veces en que un poni se había esfumado para siempre: «Aunque en tu corazón sepas que ya no están, que se han caído por el acantilado, no dejas de buscar, no pierdes la esperanza…». Calló un instante. Sus ojos miraban, por encima de mi hombro y a través de la puerta, hacia el mar. «Eso ocurre poco. En general se apañan bien. Y las ventajas que les supone la libertad, la oportunidad de llevar una vida salvaje, pesan más que los riesgos».

Ya en el exterior, le pregunté cuándo había empezado a criarlos.

«Cada año elegimos para los potrillos nombres que comienzan con una letra del abecedario; es decir, que el primero todos comenzaban por a, el siguiente por b, y así sucesivamente. Y ahora vamos por la segunda ronda de m…».

Intenté, a toda prisa, hacer el cálculo, y ella añadió que amaba a esos animales desde que tenía uso de razón y que, por eso, cuando ella y Jim —su marido— se plantearon ampliar las actividades de su *croft*, les pareció la opción más natural.

«Aquí era donde mi padre tenía a los ponis», dijo. «Justo aquí».

Nos acercamos al prado donde estaban la yegua y el potro. Ella retrocedió unos pasos examinándome con recelo; él corrió hacia nosotras para saludarnos. Con una sonrisa, Sheila me dijo que la hembra era un poco arisca, pero tenía buena estirpe y era una madre estupenda; engendraba buenos potros y les enseñaba bien.

«Ahora sólo crío por amor al arte, para no perder mis dotes ni mis conocimientos».

A lo largo de los años, había aprendido qué yeguas y garañones combinaban, y valoraba más unos rasgos que otros; por eso ahora le gustaba tanto su manada, y había adquirido la experiencia para criar más. El único problema era el mercado. El descenso de la demanda que se había producido en el anterior decenio había comportado que hubiese muchos más de los que se venderían. De ahí que ella hubiese reducido drásticamente su número. El potrillo castaño era el único de ese año.

«Me parte el alma», reconoció, «pero mi responsabilidad es para con los ponis. Yo crío los que puedo quedarme. Así, con independencia de lo que suceda en la subasta, ellos cuentan con un hogar».

Por la tarde, Steve y yo nos dimos un paseo hasta la tienda de *souvenirs* de Robert, que abría cuando cerraba la escuela, uno de los edificios más nuevos de la isla, con paredes de madera verdes y un tejado rojo. El interior era luminoso y diáfano, con mesas y sillas y las paredes repletas de fotos y manualidades de los niños, como cualquier centro de primaria. La única diferencia era que, allí, Robert era el único alumno… Él mismo extendió su mercancía en una mesa para mostrárnosla:

marcapáginas hechos con flores prensadas, imanes con ponis o frailecillos y trapos de cocina con dibujos de Foula en las distintas estaciones del año. Fran —que trabaja en la escuela— y la directora se vinieron a charlar con nosotros. En cuanto se enteraron de que Steve se dedicaba al cine, le preguntaron si podríamos volver al día siguiente para darle a Robert una clase de cinematografía.

Por la mañana, cuando llegamos a la escuela, Robert y dos profesores estaban sentados en torno a una de las mesas, listos para la lección. Habían sacado los nuevos iPads y preguntaron si Steve podía ayudar a Robert a filmar y montar un vídeo con ellos. Mientras discutían posibles temas para la película y detalles técnicos, mis ojos vagaban por las paredes. Eran fotos de grupos de niños en distintas playas y colinas, sonriendo con sus gorros y sus jerséis de punto; letreros de papel con coloridos bordes indicaban que se trataba de viajes que habían hecho a las islas de Fetlar y Fair. Uno de los profesores me contó que los colegios de islas pequeñas, como a menudo no cuentan más que con uno o dos alumnos, organizaban con frecuencia visitas para que éstos dispusieran de ocasiones para socializar.

Robert decidió hacer un vídeo sobre el *polycrub* de la escuela, una suerte de invernadero. Cultivar cualquier cosa en esas tierras supone todo un desafío: el agua marina pulverizada que traen los fuertes vientos puede matar, con su sal, hasta las plantas más resistentes si no se les proporciona el adecuado cobijo. Hoy en día, los *polycrubs* se encargan de proteger los brotes de las inclemencias al igual que antaño hacían sus antecesores, los *planticrubs* de piedra seca. Construidos con tubos reciclados de jaulas para salmones y policarbonato reforzado, las actuales estructuras están diseñadas para resistir vientos de más de ciento sesenta kilómetros por hora. Robert se movía despacio para filmar el interior del *polycrub*, lleno de plantas: calabazas, guisantes, fresas y cestas colgantes que rebosaban de flores con aspecto tropical. Haciendo de narrador, el niño iba explicando que, en aquel *crub*, había sitio disponible para cualquier miembro de la comunidad que lo necesitara. La escuela, que también tenía una parcela, estaba valorando la posibilidad de tirar de su cosecha para sus «viernes de lujo», que consistían en que, una vez a la semana, todos sus miembros se reunían a mediodía para comer con la vajilla bonita, buen mantel, servilletas y demás.

Tras la clase, volvimos a casa caminando. El viento era para entonces más frío que apenas unas horas antes, y a lo lejos se levantaba neblina. Cobré conciencia del horizonte mientras la bruma iba en aumento —avanzando hacia nosotros— y el mundo que nos rodeaba se encogía. El cielo bajó para encontrarse con las colinas; con el aire viajaban —buscando, estirándose, envolviendo— tirabuzones de nubes. Cada uno nos traía, cuando pasaba a nuestro lado, su golpe gélido, al que de inmediato seguía otro más. Enseguida nos hallamos atrapados en la corriente de ese río opaco. Ante mis ojos surgían —y se desvanecían al instante— fantasmales formas de gaviotas y ovejas. No alcanzaba a ver sino unos pasos por delante de mí; las colinas y las casas habían desaparecido. Pensé en las veces que me había asomado al mar y Foula se había esfumado y entendí que en aquel momento éramos invisibles para el resto del archipiélago. Estábamos a la deriva en una isla que flotaba en una nube... Oí un ruido estridente y una especie de cloqueo: un págalo. Distinguí su silueta: nos observaba a través de los arremolinados vapores.

Yo había reparado, desde mi llegada a Foula, en la actitud atenta de estas aves, en su presencia vigilante —los ojos de las colinas—, y me preguntaba por qué no aparecían en las historias que se cuentan junto al fuego, como sí ocurre con las focas y otras criaturas que pueblan aquellos parajes. Se les ve, en efecto, tan sagaces y tan de otro mundo... Cuando volvió a graznar, me pregunté si se estaría dirigiendo a nosotros, a otra ave o al mismísimo aire.

## Caminata guiada

A la mañana siguiente había quedado con Sheila para hacer una excursión guiada. La niebla se había levantado y el sol bañaba las colinas. Caminábamos por una angosta vereda hacia una casa blanca. Bajo el baile de diamantes de luz de la superficie, el mar azul oscuro estaba tranquilo. Los altramuces y las dedaleras se acurrucaban en un entramado de muros, mientras que las tritonias más altas, cimbreadas por la cálida brisa, asomaban sobre el parapeto de piedra.

«Éste era el huerto de col rizada», anunció. «Flores había sólo fuera, en los bordes; casi todo el terreno se usaba para cultivar verduras».

Señaló a continuación los tres sicomoros. «Mi abuelo plantó el grande; mi padre, ese otro; y yo, éste». El mayor, cuyas ramas se retorcían bajo el follaje, era uno o dos metros más alto que los muros.

Cruzamos un puente de madera por encima de un riachuelo y reparé en tres grandes piedras semicirculares: eran piedras de molino. Sheila me explicó que en la Edad del Bronce se usaban grandes molinos de mano para convertir los cereales en harina, y que en Foula aquella práctica se había mantenido hasta hacía pocos siglos. «Los únicos de esta clase que se han encontrado estaban rotos. Según las habladurías, fue cosa del *laird*, que se los cargó para que los campesinos no pudieran hacerse su propia harina. Así se veían obligados a usar su molino, lo que implicaba pagarle un impuesto y aumentar más todavía su endeudamiento».

La senda serpenteaba colina arriba, hacia los acantilados; la roca roja contrastaba con el verde de la hierba y el azul del cielo.

«Aquí es donde traigo a la gente a avistar *norries*». En el dialecto de las Shetland, a los frailecillos se los conoce como *tammie norries*. Miró hacia el horizonte. «Cuando vuelven sabes que ha llegado de verdad la primavera».

Me describió con qué alegría regresaban, el ruido y el bullicio tras un largo invierno. Podían verse algunas parejas de fulmares acurrucadas en saledizos de la piedra, así como restos de guano que indicaban la presencia de otras; también se oía el graznido lejano de las gaviotas tridáctilas. Fuera de eso, sin embargo, el lugar se antojaba vacío. Sheila dijo que aquello ya ni sonaba ni olía... Como si hubiera dejado de ser un acantilado de aves marinas. Ella hacía recuento todos los años y la cifra era cada vez más baja; últimamente, los descensos eran alarmantes. Atribuía buena parte de la merma a la sobrepesca y a la consiguiente escasez de saltón. Esos diminutos peces son la principal fuente de alimento de la mayoría de las aves marinas del archipiélago; su carestía las obliga a adentrarse en el mar, lo que las deja exhaustas y aumenta las probabilidades de que acaben abandonando sus nidos. El cambio climático no hará sino dificultar más aún que los saltones y las aves recuperen el equilibrio, pues el calentamiento de los océanos y las distribuciones cambiantes desestabilizan los vínculos entre especies. «Hoy no hay *norries*», confirmó, con tristeza.

Aquel año había sido el peor, de lejos, de cuantos recordase. Varios años antes, miles de aves marinas habían perecido durante el invierno de resultas —se pensó entonces— de duras tempestades mar adentro. Las anillas identificativas de los muertos sugerían que la mayoría pertenecía a las poblaciones de las Shetland, y esos acantilados silenciosos lo confirmaban.

Regresamos tierra adentro y, tras cruzar el aeródromo, continuamos hacia las colinas. El cielo estaba preñado con los sonidos de las alondras y los zarapitos; las collalbas grises nos acompañaban en nuestra excursión saltando de roca en roca sin dejar de cantar. Cuando pasamos junto a unos págalos que nos observaban en silencio, pregunté a Sheila por qué aparecían tan poco en los relatos setelandeses. Me dijo que su presencia en la isla era algo relativamente reciente, y que tal vez eso explicara su ausencia; pero que, bien mirado, las aves marinas no estaban muy presentes en el folclore, cosa sorprendente habida cuenta de su importancia para la vida de los lugareños. Lo que sí aparece en las leyendas de Foula son los *njuggles*, personajes del folclore setelandés semejantes a los *kelpies* escoceses. Sheila me contó que éstos gustaban de instalarse bajo los molinos de agua para impedir que la rueda girase. Podían ser vecinos peligrosos —responsables de perjuicios e infortunios— y tenían fama de robar en las casas de los humanos, sobre todo en la época de Navidad.

El valle no tardó en abrirse y dejar al descubierto el mar del otro lado de la isla. Un panel explicativo aislado, que se veía un tanto fuera de lugar ante tan imponente panorama, nos advertía que estábamos en Da Sneck Ida Smaalie, una falla de treinta metros de profundidad que escinde el acantilado. Nos quedamos mirando el angosto pasillo rocoso de muros verticales que se extendía hacia el océano. Cualesquiera palabras o exclamaciones sobre cuán increíble y bello era habrían sonado huecas, se habrían quedado suspendidas en el aire, ridículas ante el prodigio de aquel lugar; conque preferí guardar silencio. Junto al borde del abismo crecían aún hierba y flores: clavelinas de mar que se aferraban a la vida en repisas minúsculas. Ya más adentro, sin embargo, todo se volvía oscuro y cavernoso. Por las musgosas paredes del barranco chorreaba el agua; el eco de su chapoteo llegaba hasta nosotras. Las gotas individuales se transformaban, cuando el sol las envolvía, en fluidas lágrimas de luz: fuegos fatuos...

La energía, una suerte de magia ultraterrena, me embargó ante el desfiladero. Sheila señaló una cresta que quedaba debajo de nosotras y trazó con el dedo el camino que las ovejas recorrerían cuando las trajeran desde las colinas. «Ellas lo conocen», dijo, señalando un rebaño a lo lejos. «Nosotros nos limitamos a guiarlas cuando toca».

Mientras son jóvenes, los corderos viven en el *croft*, donde reciben suficiente pienso y aprenden a colaborar con los perros. Después de su primer invierno se suman al rebaño de la colina, donde las hembras de más edad les enseñan a sobrevivir a la intemperie. Al final terminan por acostumbrarse, conectados para siempre con el paisaje.

Me senté en el borde del acantilado para contemplar el azul del mar y del cielo. La plateada luz del sol que bailaba en la superficie era el único asomo de movimiento en aquella inmensidad. Desde el agua ascendían unos trémulos sonidos que llenaban el aire de una melodía familiar y, a pesar de todo, extraña. ¿Como el viento salvaje que aúlla en una noche de tormenta? No, más suave… ¿Como botellas de cristal tintineando con la brisa de verano? «*Selkies*», dijo Sheila, y de inmediato comprendí que estaba oyendo el canto de las focas…

Sentía la presencia del tiempo: la antigua raza de ovejas que pacían en esas tierras, las personas que las criaban y las entendían, los pájaros, el océano y las focas, eternos, cotidianos y misteriosos… Era consciente de mi cuerpo, de estar fluyendo en consonancia con la naturaleza, con una asombrosa ausencia de tensión… En las Shetland, reparé en la cantidad de estrés que había acumulado. Tal vez yo no lo identificara al principio como ansiedad o angustia, sino que simplemente lo consideraba un inevitable frenesí derivado del ineludible ciclo de empleos temporales mal pagados y de la continua amenaza inminente de quedarme en paro. Mi vida estaba dominada por la precariedad laboral; ocupaba mi tiempo libre con labores de voluntariado para mejorar mi currículum, con la esperanza de asegurarme con ello una posición más estable. El ajetreo de la incertidumbre había afectado a mi cuerpo y a mi mente: dolores por la tensión incesante en el cuello y en la mandíbula, pensamientos obsesivos que me impedían dormir, lágrimas en los momentos más inesperados… En las Shetland —y a medida que el asombro y el alboroto iniciales se fueron aquietando, a medida que empecé a ajustarme a los flujos de la vida isleña—, sentí al fin que mi cuerpo se relajaba, que se liberaba de su pesada carga. La presencia de la angustia no se hizo visible sino a través de su ausencia. Para mí caminar se convirtió, en vez de en un medio para alcanzar un destino con la cabeza llena de listas y miedos, en un lapso de paz, en el inicio de una apertura a una realidad que me responde abriéndose a su vez a mí, ofreciéndome una mayor conexión...

Era nueva en las islas, pero allí, en aquel viento que traía canciones de *selkies*, me sentía en casa... Me pregunté por qué ciertos lugares nos afectan así. ¿Qué es lo que hace de un encuentro efímero un recuerdo perdurable? ¿Acaso un instante que nos transforma? Para crear un recuerdo, el cerebro y el cuerpo interpretan la información: una impronta... o la probabilidad de nuevos derroteros conforme cambiamos en relación con lo que experimentamos. Sin embargo, no todos los encuentros producen ese efecto. Pensé en el viento silencioso de Glasgow y en el trayecto que me trajo de vuelta a las Shetland, un viaje inverosímil e inapelable a un tiempo... No sé qué habría sucedido sin aquel momento, o si lo hubiera ignorado, desdeñando que el viento pudiese hablarme. Rememoré mi vida de la ciudad. Aunque incluía muchas cosas que me gustaban, nunca la había considerado mi hogar. Sin darme cuenta, había ido perdiendo el contacto, la conexión con el mundo salvaje que tanto amaba. ¿Es inevitable que el entorno construido altere nuestra perspectiva y nuestras relaciones de ese modo? ¿Hay, quizá, una magia de las calles que permite a algunos crear una conexión, un sentimiento de apego y pertenencia? Yo sabía que aquél era mi sitio en el mundo. Oí un balido lejano, divisé el movimiento fugaz del rebaño por la colina y me pregunté cómo recordaban las ovejas y la tierra. Los encuentros que modificaban sus caminos, las improntas que las cambiaban... también pertenecían ya a su imaginación, a su historia.

## Emily y la colina

A la mañana siguiente fui a conocer a los ponis de Emily. Casi había llegado cuando un grupo de ovejas echó a correr hacia mí. Se detuvieron a apenas dos metros y se quedaron mirándome. Las llamé —«*Kid! Kid! Kid!*»— y se acercaron un poco más, para a continuación darse la vuelta y desaparecer doblando la esquina de la casa entre ruidosos balidos. Junto a la edificación principal había un alargado establo de piedra con tejado bajo; los restos de un coche viejo cobijaban sacos de pienso. Emily me explicó que era difícil sacar de la isla objetos grandes, dada la capacidad limitada del ferri, y que, por ese motivo, los vecinos habían aprendido a reutilizar lo que, para otros, sería basura. Un coche que no volvería a funcionar cumplía de maravilla la función de almacén.

Un poni ruano negro vino hacia nosotras en el prado que quedaba detrás de la casa. Emily extendió la mano y la yegua se la acarició con el hocico.

«Ésta es Misty[22]. Es muy cariñosa», me dijo. «A lo mejor hasta demasiado...», añadió mientras el animal empezaba a recular hacia mí. «Quiere que le rasques la grupa», rió, y yo, por supuesto, obedecí.

Emily fue presentándome a los distintos ponis, contándome un poco de cada uno. Levantó la crin de una yegua castaña para enseñarme dos pequeños adornos que le habían fijado al pelo. Se parecía tanto a otro que tenía la madre de Emily que le habían puesto aquella marca para no confundirlos. Rasqué el cuello del poni y ella movió el hocico hacia mi brazo y apoyó la cabeza en mi hombro. Emily se mostró atónita: «Jamás se comporta así con nadie que no seamos mi madre o yo. Por lo general, a los desconocidos ni les presta atención...».

[22] *Misty* significa «neblinosa».

Yo estaba encantada. He comprobado que cuando caigo bien a los perros y los caballos —sobre todo si no les suelen gustar los desconocidos—, los dueños son más proclives a fiarse de mí. Ya fuese por ese motivo o porque la conversación se hacía más fluida conforme avanzaba, los detalles que Emily iba compartiendo conmigo cambiaron de las cuestiones del pedigrí y los premios ganados para enfocarse en aspectos relativos a sus vidas compartidas y su amor por ellos.

Entramos en otro prado. El viento cimbreaba la larga hierba y las flores silvestres, y dos potros de color blanco y castaño se perseguían en círculos mientras sus madres pastaban. Nos acuclillamos y los jóvenes, con sus hocicos suaves y sus ojos inquisitivos, no tardaron en venir. Se estaban deshaciendo ya del pelaje infantil, y las zonas de pelo más oscuro alrededor de los ojos y la boca les conferían un aire cómico. A primera vista parecían semejantes en altura, complexión y tonalidades, pero, a medida que su dueña fue hablándome de ellos, yo misma advertí las diferencias. Uno tenía un claro potencial de garañón. Trazó las líneas de su silueta en el aire describiendo su hechura, moviendo su propio cuerpo en relación con el del animal al tiempo que llamaba mi atención sobre su modo de alzar las patas y la cabeza al trotar. El otro le gustaba —era bueno, con un temperamento equilibrado y sin imperfecciones—, pero le faltaba ese «algo» que éste sí tenía.

Emily les acarició el hocico y las patas y les levantó las pezuñas; ellos la correspondieron con arrumacos y mordisqueándole la chaqueta. Al fin, echaron a correr, persiguiéndose de nuevo.

«Paso un montón de tiempo con ellos», me dijo. Tocarles el morro y las pezuñas los acostumbraba a futuras «manipulaciones», como, por ejemplo, colocarles el ronzal o recortarles los cascos.

En el primer invierno les ponía más pienso y estaba pendiente cuando hacía malo. Sus ponis solían quedarse abajo, en el *croft*, hasta los cuatro años. Así se habituaban a los humanos y los asociaban con la comida, los cuidados y el cobijo. Al preguntarle sobre cómo sabía ella que había llegado el momento de traerse a las preñadas de las colinas, me respondió: «No las traigo. Son ellas las que deciden cuándo bajar. Y no se equivocan».

No es raro que los ponis sueltos regresen al *croft* para visitar a otros miembros de su manada, para que les den un suplemento de pienso o porque se han puesto enfermos. Emily y su madre confiaban en su inteligencia y su instinto para tomar esa clase de determinaciones.

La manera en que los propietarios de los *crofts* de Foula trabajan con sus animales encarna los ideales de autonomía y adaptabilidad que los criadores setelandeses valoran. Los ponis viven libres y salvajes en las colinas; sus dueños interfieren lo mínimo. Pero eso, aunque de entrada parezca un modo de cría muy poco intervencionista, en la práctica supone muchísimo tiempo y conocimiento. Porque no se trata de limitarse a soltarlos por ahí y contar con que sobrevivan. Sus primeros años se caracterizan, por el contrario, por un intenso contacto humano; Sheila y Emily no habrían dejado jamás a ninguno en libertad si no hubiesen creído que había adquirido las destrezas para desenvolverse por sí mismo. Necesitaban confiar en que estaban capacitados para formar parte de la manada, pero también en que consideraban el *croft* un sitio seguro al que volver. Aunque las mujeres no iban demasiado al campo para vigilarles, estaban conectadas a ellos. Sus propias percepciones del paisaje se entretejían con su conocimiento de los ponis y los lugares: un arte y un acto de observación diligente. Y esa atención de los criadores se hace extensiva a otros miembros de la comunidad, de modo que los ponis se convierten en parte de la conversación y la vida social isleña.

Salí de la casa de Emily y subí a las colinas a buscar ponis. Caminaba sobre el brezo tupido e hirsuto (faltaba aún para que echase las primeras flores púrpura). Las zanjas de las que años antes se había extraído turba colapsaban ahora sobre sí mismas en su serpentear por la ladera. Oí un cloqueo y, a continuación, un fuerte silbido. Un págalo se había abalanzado sobre mí; no me atinó en la coronilla por poco... Entonces vino otro, y otro más. Me acordé de los palos de Robert y pensé que quizá me había lanzado a la aventura un poco desprevenida... Desde detrás de un matojo salió corriendo un polluelo amarillo crema de largas patas que me recordó a un avestruz diminuto. Sobre mi cabeza volaban en círculo varios págalos que, de repente, descendían en vuelo rasante, en una clara advertencia de que estaba en el sitio equivocado y tenía que largarme... Hice caso a su aviso y, agachada, seguí subiendo hacia una cresta. Observé a lo lejos una manada de ponis; sus pelajes —castaños, negros, grises, ruanos— relucían al sol, salpicando de color el prado, por lo demás yermo. Los miré pacer; algunas yeguas levantaban la vista, echaban una ojeada y volvían a centrarse en hallar las mejores briznas de hierba. Se desplazaban despacio, como miles de ponis habían hecho antes que ellos, rodeados del viento y las aves. Sentí la historia y la presencia de la colina y comprendí de pronto que, al igual que las personas y los animales, aquel paisaje era un participante activo en las relaciones de domesticación.

Son esos lugares los que han creado y dado sustento a los ponis. A lo largo de los siglos, han vivido como parte de éstos, y las personas han aprendido a convivir con ellos. La adaptabilidad, uno de los rasgos más valorados de esta raza, se desarrolló de acuerdo con el paisaje. Allí, los ponis debían recorrer largas distancias por un terreno complicado para encontrar comida, además de elegir adónde dirigirse si hacía malo. Su manera de moverse, su paso firme y su fuerza, así como su independencia, su inteligencia y su adaptabilidad, se desarrollaron a partir de esas relaciones con el espacio. Muchos criadores contaban que, tras periodos de trabajo intenso —por ejemplo con el ronzal—, los animales debían pasar una temporada en las colinas para relajarse y asimilar lo aprendido. Me hablaban de ellos como de su entorno natural, en el que podían vivir tranquilos, aunque atentos, para integrarse en la manada. Así adoptaban las destrezas que se requerían para interactuar eficazmente con los humanos, al mismo tiempo que disfrutaban de una vida en libertad. Ese equilibrio es un rasgo distintivo de las historias setelandesas. Los criadores no desean retornar a aquellos días en que, con la mayoría de los animales dispersos, lo normal era no tener ningún contacto ni trabajar nunca con ellos; pero asimismo se muestran reacios a ejercer un control excesivo sobre las vidas de sus ponis.

Thom van Dooren habla, en su libro *Flight Ways* [Formas de vuelo], de la importancia de entender que «los lugares se entretejen con —y se insertan en— historias y sistemas de significado más amplios mediante unas prácticas de "creación de lugar" que son dinámicas, encarnadas e intersubjetivas». Insiste en que esos lugares historiados no sólo los experimentan los seres humanos, sino también los no humanos que los comparten y generan, sobre ellos, significados. Por lo tanto, las colinas podrían considerarse un lugar historiado en el cual cada nueva generación, humana y equina, aprende de los anteriores pobladores. Las personas advierten los cambios de las condiciones meteorológicas y de las estaciones —y reaccionan a ellos— en relación con sus animales, y éstos terminan entendiendo qué deben esperar de los humanos con los que conviven. Esta atención compartida es parte del tejido mismo de la vida isleña. Y el paisaje no es ningún telón de fondo de esa actividad, sino que la define («Y la ama», como digo yo en alto cuando veo a los ponis pastar...). El amor es esencial tanto en las relaciones de ponis y criadores como con las tierras que ambos habitan. Me acordé también de las palabras de Tim Ingold: «El paisaje, a través de nuestra vida en él, pasa a ser parte de nosotros, exactamente igual que nosotros formamos parte de él». Viviendo en aquel lugar, cultivando relaciones con aquella tierra y con aquellos animales, encarnando historias del pasado y creando vínculos nuevos de cara al futuro, los criadores han pasado a ser parte de las Shetland, del mismo modo que las Shetland han pasado a ser parte de ellos. En una vida, los pensamientos, acciones e intenciones definen las interacciones con quienes hay más allá del yo. Nuestras relaciones con otros son nuestra alma, la esencia de nuestro ser, creada —y cocreada— a partir de conexiones. Nuestra atención a las vidas que nos rodean: a los humanos, a los animales, a la tierra... todos importan. Nos hacen ser quienes somos. Y los efectos de tales conexiones se extienden en el espacio y el tiempo, incorporándose a nuestro yo y trascendiéndolo. Sentada en la colina tuve la certidumbre de que quienes comparten nuestro mundo sienten esta atención y la corresponden; de que aquel paisaje antiguo, salvaje y bello ama a quienes lo pueblan.

### Varados

Volvió la niebla. Arremolinada, opaca, presionando las ventanas mientras nosotros esperábamos allí sentados con el equipaje listo y sabiendo que, si el clima no cambiaba pronto, el vuelo de regreso se cancelaría... Aunque había empezado a levantar cuando nos dirigíamos a la casa del vecino más cercano, éste nos confirmó que no saldrían aviones. Y lo mismo con el ferri. No había modo de abandonar la isla. William nos invitó a tomar una taza de té y llamó a Fran para preguntarle si podíamos quedarnos otra noche. No había problema, parecía más que improbable que llegara ningún otro visitante en breve, pero, aun así, no nos iba a dejar tirados. Aunque teníamos un sitio donde dormir, las pocas provisiones que nos quedaban no eran demasiado tranquilizadoras. Como sabía que en Foula no había tienda y que no se podía descartar la posibilidad de quedarse atrapados, me había aprovisionado de todo, excepto de papel higiénico...

Pregunté a William si llevaba mucho viviendo en Foula.

«Crecí aquí», contestó, «pero hace sólo unos años que regresé para quedarme». Hizo una pausa. «Y ahora sé más sobre ovejas de lo que jamás habría imaginado...». Se rio. «Cada una es totalmente distinta de las otras, ¿sabes? Empieza uno a diferenciarlas...».

En una ocasión se encontró un corderillo huérfano. Estaba débil y desmejorado, conque se lo llevó a casa y le alimentó a base de biberones hasta que fue lo bastante mayor para salir a la colina. Se cubrió los ojos con la mano y dijo: «La verdad es que tendría que estar en el congelador. Es una oveja inútil...». Calló unos instantes antes de añadir, sonriendo con ternura: «Es una auténtica lata. Tiene un balido peculiar. Le reconozco en cuanto le escucho; viene cada dos por tres a por pienso».

Sonreí yo también pensando en Yoda —que se había quedado en casa—. Enamorarse de un *caddy* parecía inevitable... La dedicación que exige mantenerlos con vida los primeros días implica un contacto y una atención constantes, unos momentos compartidos que acaban creando vínculos duraderos.

«Es muy simpático. Quizá te lo hayas cruzado en tus paseos». En verdad, sí había visto una oveja grande con un suave vellocino dorado más dócil que las otras.

«Sería él. Tiene un vellocino tan bonito y gustoso...», asintió.

Tras dar buena cuenta del té —y la tarta de frutas—, cuando estábamos a punto de marcharnos, William nos preguntó si necesitábamos alguna cosa. Yo reconocí que andábamos escasos de papel higiénico y él nos dio un par de rollos, a lo que añadió un poco de pan del congelador y leche. Ya fuera, dejó unas pasas de la tarta en lo alto de la barda... Como si hubiera estado esperándolas, un gran mirlo apareció de la nada y se las llevó.

«Lo llamo Dipstick»[23], nos contó. «Los otros pájaros no dejan de mangonearle, pero él se las apaña para sacar adelante una familia todos los años».

En el camino de vuelta, la sonrisa no se borraba de mi cara. A pesar del aparente desdén con que nuestro vecino tachaba a su *caddy* de inútil, su apego hacia él resultaba evidente, igual que su amabilidad al compartir su comida con nosotros y con el mirlo. Aquella combinación de consideraciones prácticas y bondad discreta me iba resultando cada vez más familiar... Los dueños de *crofts* no tienen una actitud sentimental hacia sus animales. Los respetan, pero también los consideran un recurso: son comida que guardar en el congelador para alimentarse en los largos inviernos o un cheque tras las subastas de ganado. Sin embargo, su manera de criarlos, con un número de cabezas reducido y una atención constante, es muy distinta a la industrial. En las relaciones del *croft* setelandés tiene cabida el amor.

Decidí dedicar aquel último día a andar por la costa. El sol iluminaba y calentaba las nubes, pues buena parte del terreno seguía invisible, cubierto. Fran y William coincidieron en que predecir la evolución de la niebla era prácticamente imposible: algunas veces bastaba con un poco de viento para que se levantara y el sol la disolviera; otras ni siquiera un fuerte vendaval era capaz de dispersarlas. Mi cabeza, espoleada por mi hábito de organizar, de tenerlo todo bajo control, de querer hacer planes para lo imprevisible, iba a mil por hora. Necesitaba volver a Mainland. Nos quedaban muy pocas provisiones y, aunque sabía que los isleños no se desentenderían de nosotros, no quería abusar, sobre todo porque hacía varios días desde la última vez que la isla había recibido víveres. Más apremiante aún era el hecho de que unos parientes míos venían a visitarnos: llegarían a las

[23] *Dipstick*, que, en sentido literal, significa «varilla de medición», se utiliza en tono coloquial como «pendejo» o «calamidad».

siete de la mañana en el barco nocturno y contaban con que fuese a recogerlos… Les había dejado un mensaje de voz apresurado, diciéndoles que esperaran en Lerwick y que me pondría en contacto con ellos en cuanto se aclarase la situación. El ferri saldría para la isla principal por la mañana y tenía sitio para nosotros, pero su destino era Walls, a unos cincuenta kilómetros de donde habíamos dejado el coche (en el aeropuerto de Tingwall). Otra opción era quedarse a ver si el tiempo permitía que el avión despegase, ya que estaba previsto que lo hiciera una hora después de que zarpara el ferri; el caso es que si luego no salía, nos quedaríamos allí varados por lo menos una noche más, o incluso dos, a expensas del clima. Fui repasando las posibilidades una y otra vez, sintiendo cómo mi ansiedad iba en aumento… hasta que concluí que el barco era la mejor opción y que ya encontraríamos después la forma de llegar hasta el coche. Respiré hondo y traté de que mi mente se calmase, porque parecía empeñada en reconsiderar la decisión añadiendo no sé cuántos «pero y si…» a una situación ya de suyo impredecible…

A través de la niebla oía —sin verlo—, amortiguado, el embate del oleaje contra las rocas. A intervalos se atisbaba el contorno del farallón de Gadda, que diríase el velamen de un barco espectral. ¿Qué pensarían de mí los isleños si supieran de mi ansiedad por la logística del viaje? Para ellos, la conexión con otras islas es siempre incierta, depende de los vaivenes atmosféricos de la correspondiente época del año. Las vidas de las personas están a merced de esas fuerzas, ya que hasta un viaje de emergencia puede sufrir retraso o, directamente, cancelarse. Sentí vergüenza. Un par de días después de alegrarme porque mis nervios de urbanita hubiesen amainado, de repente me alteraba por algo insignificante que, además, no estaba en mis manos.

Me detuve a respirar el aire marino, dejando que mis pensamientos se calmaran y recorriendo con la mirada los recovecos de la roca en la que me había sentado. De sus grietas más hondas salía una hierba hirsuta, aunque yo no alcanzaba a ver la tierra a la que se agarraban sus raíces. Un liquen amarillo, salpicado de penachos de un tono gris azulado, coloreaba la superficie rugosa. Aunque parecían dos especies diferentes, yo sabía que los líquenes se desarrollan en pareja: un hongo y un socio fotosintético, el fotobionte. Éste último transforma la energía solar en alimento, tarea de la que el hongo no es capaz; él, a cambio, le ofrece un entorno vital idóneo. Ambos viven juntos, en una compleja simbiosis que aún no hemos terminado de entender. Por doquier había, enganchados, mechones de lana con gotitas de rocío. Un complejo tapiz que aunaba geología, botánica, ganadería…

Yo estaba todavía descubriendo que concentrarme en el paisaje me tranquilizaba; que entregarme a la percepción de la historia y la inmediatez, y a la presencia de la vida, transformaba mis pensamientos. Aquellos instantes bastaban para romper mis patrones cíclicos de desasosiego, que con tanta frecuencia se autoperpetuaban y me consumían, cobrando una magnitud desproporcionada con respecto a los hechos que les habían dado inicio. Curar mi ansiedad realmente iba a ser, más que una transformación, un viaje. Atisbaba el camino… pero sabía que, para no salirme de él, iba a hacerme falta práctica.

## 5
## PONIS CON JERSÉIS

Estábamos junto al remolque para caballos, tratando de ponerle a Freckle[24] un jersey de punto que le venía grande. Aunque visiblemente confusa, ella se dejaba hacer. Viéndola tropezarse con las mangas —que le cubrían por completo las pezuñas— e intentar masticar aquel insólito atuendo, Amanda —su dueña— y Marion —su madre— se preguntaron en voz alta por qué un programa de televisión estadounidense sobre viajes querría filmar a unos ponis setelandeses ataviados con jerséis de la isla de Fair…

El blanco camino relucía al sol, entre campos verdes, en su serpenteante descenso hasta una playa de arena. Formábamos un curioso cortejo, con esos dos ponis abrigados, una vivaz potrilla y dos peludos perros pastores de las Shetland. Nos seguía un equipo de rodaje bastante grande provisto de bolsas con material, drones, cámaras y unas largas varas rematadas con micrófonos semejantes a plumeros en los que los ponis se mostraban

[24] *Freckle* significa «peca».

especialmente interesados. Me detuve un momento en la cima, pasmada ante la tremenda claridad, que hacía que la tierra y el mar brillasen con un esplendor que en nada se parecía a mi recuerdo del mismo lugar en invierno.

«No va a hacer falta mucho filtro», oí que decía un miembro del equipo mirando el mar turquesa, el cielo cerúleo y la arena dorada.

El agua ondeaba y la brisa sibilante perseguía a los granos de arena. Había una familia haciendo un pícnic al cobijo de una duna; el niño más pequeño, que también llevaba un jersey de la isla de Fair, se alborotó y pegó un grito al vernos, a lo que su madre respondió urgiéndole a «llevar cuidado» con los animales. Cuando Amanda les dijo que no había problema, se acercaron todos, encantados de hablar con los ponis y con nosotros, y de sacarse unas fotos. Enseguida se sumaron al grupo algunas personas más, que reconocieron lo bonitos que eran los ponis y preguntaron si llevaban jerséis normalmente. Yo me di cuenta de que Amanda y Marion contestaban de forma educada, pero rotunda y un poco tensa, que los ponis de las Shetland eran una raza fuerte y recia que ni siquiera en invierno necesitaba manta protectora, y que no, que aquellos ponis no iban vestidos normalmente.

Me senté con Marion mientras le hacían una entrevista a Amanda a la orilla del mar. Me dijo que, desde que VisitScotland había usado la imagen de unos ponis de las Shetland vestidos con jerséis para un anuncio, todo el mundo quería verlos con aquel atuendo. El equipo del programa sugirió que les vendría bien una imagen de los animales corriendo a su aire por la playa. Amanda dudó: aquél no era un sitio al que estuvieran acostumbrados y habría que dejarles espacio. Era una estampa bella, majestuosa, la de los ponis galopando por la gran extensión de arena. Entonces, de repente, un dron se elevó con un ruidoso zumbido y pasó en vuelo rasante sobre las cabezas de los ponis, que viraron de inmediato y subieron al galope por el camino, alejándose del agua. No respondieron a las llamadas de su dueña. Corrimos tras ellos, preocupadas de que hubiesen alcanzado la carretera principal. Pero ellos, tras librarse del dron, se habían detenido a poca distancia para pastar en paz.

Después de aquello, se decidió sujetar a las yeguas con el ronzal y dejar a la potra suelta, ya que siempre rondaría cerca de su madre. Marion se rio y comentó que la pequeña estaba «en su salsa», trotando en círculos, levantando arena con sus diminutos cascos y adentrándose, como una flecha, unos pasos en el mar para a continuación emprender una presurosa retirada. Conforme el día iba avanzando y el rodaje alargándose más de lo previsto, la pobre fue bajando el ritmo —se me antojaba un juguete al que se le estuvieran acabando las pilas— hasta que me dio la impresión de que se había quedado dormida de pie. Cuando el equipo se marchó y metimos a los ponis —sin jerséis— en el remolque, Amanda y Marion comentaron con aprensión que quienes vieran el programa se creerían en serio que los setelandeses vestían a sus ponis con jerséis de lana. Hacerle eso a un animal tan fuerte e independiente era una tontuna enorme; y se preguntaban por qué habían querido filmar algo que en absoluto era representativo de los animales ni del lugar. Les preocupaba que pudieran estar «burlándose de nosotras y de nuestros ponis»...

## Extinciones isleñas

Aquella mañana con los ponis ataviados con jerséis de la isla de Fair me llevó a pensar en el poder de las representaciones. Cuando hablamos de identidades nacionales y regionales, solemos referirnos a las maneras en que la gente se ve y se describe a sí misma y a otros humanos. Y, si a esas identidades se asocian animales —como en el caso del *bulldog* británico o del águila calva estadounidense—, es en calidad de símbolos. En su etnografía de Whalsay, Anthony P. Cohen concibe dichos símbolos como vehículos a través de los cuales las comunidades representan y ponen de relieve aspectos de su cultura. Cuando Amanda y Marion consideraron que se estaba llevando a cabo una representación incorrecta, les preocupaba que hubiese en ello una burla «de nosotras y de nuestros ponis». Es decir, que las representaciones se hicieran extensivas a la raza misma de los ponis setelandeses, a los que los amaban y trabajaban con ellos, y a las propias islas Shetland. A menudo estimamos que los símbolos revelan mucho sobre las personas, pero tal vez menos sobre los animales a los que se representan. Sin embargo, en el archipiélago, a las razas animales se las incluye como participantes activas en esas historias de trabajo arduo e ingenio que tan esenciales resultan en las identidades del lugar. Los vínculos entre los animales, la historia y la vida contemporánea están íntimamente entretejidos en modos que presentan un potente simbolismo, y los atributos comunes a personas y animales informan de —y son informados por— relaciones cotidianas encarnadas en los animales a los que se ama.

Con frecuencia, los nativos comparaban las razas de las Shetland con las del sur, en el sentido de que las primeras eran vivo ejemplo de la independencia, la inteligencia y la sensibilidad con respecto a las condiciones meteorológicas, frente a lo cual colocaban la pérdida de dichas capacidades tras generaciones de prácticas domesticadoras centradas en aumentar la producción de carne en las razas importadas —como las ovejas *cheviot* o *suffolk*—. Pronto aprendí que el mero hecho de que los animales setelandeses tuvieran tales cualidades no era una garantía de que fuesen a conservarlas para siempre. Si otros las habían perdido, lo mismo podía suceder allí. Y así las razas animales de las Shetland corrían el peligro de hacerse menos «setelandesas»...

Algunos temen que tales conexiones hayan desaparecido en el caso del perro pastor de las Shetland, sobre el cual se decía lo siguiente en un libro que *The Shetland Times* publicó en 2003:

Hay un claro consenso: el perro al que hoy se llama «perro pastor setelandés» no es el animal que surgió en las Shetland y prosperó en ellas hasta que, en algún momento del siglo XIX, fue sustituido por perros traídos del sur (a pesar de lo cual, sobrevivió hasta bien entrado el siglo XX). Sin perjuicio de que el moderno perro pastor setelandés tenga sus méritos propios, no es el animal autóctono que vivía en los *crofts*, se ganaba con creces el sustento y animó la vida de las islas durante generaciones.

Yo vi muy pocos perros pastores setelandeses y me sorprendió que rara vez salieran a colación en las conversaciones sobre las razas animales. Cuando preguntaba expresamente, las respuestas diferían: algunos contestaban que nunca fueron animales de trabajo, y otros que la función originaria de aquella raza consistía en mantener a las ovejas juntas o en quedarse cerca del *croft* y ladrar para asustar a animales que pudiesen dañar los cultivos. Todos convenían, eso sí, en que los actuales eran muy diferentes de los del pasado. Aunque señalaban atributos que tendrían su origen en la época en que eran perros de *croft*, la mayoría pensaba que el pastor setelandés moderno no era una auténtica raza nativa (había quien se refería a ellos como una «invención victoriana»...). En general, los consideran inteligentes, pero su tamaño diminuto y su largo pelaje implican que no se les concibe como animales prácticos ni, por tanto, como una «verdadera» raza de las Shetland.

Andaba dando vueltas todavía al asunto de cómo se establece la línea de separación entre las razas autóctonas y las que han perdido su identidad cuando fui a conocer a Agnes, que llevaba trabajando con ovejas más de ochenta años. Aunque estábamos a mediados de junio, la lluvia caía en un vendaval de fuerza ocho. En mitad de la carretera, vestida de arriba abajo con ropa impermeable —y con la espalda derecha a pesar del viento—, se giró y me preguntó si me importaba estar fuera. Me dijo que llevaba saliendo a echar un ojo a sus animales desde que tenía cuatro años y que «un poco de viento no molesta ni a la gente ni a las ovejas de las Shetland». Las llamó desde la valla: «*Ka-ka-ka-ka-ka!*»; y añadió, dirigiéndose a mí: «Se van a llevar un chasco. Normalmente, cuando las llamo así, es que les traigo comida».

Las ovejas vinieron, se detuvieron como a un metro y se nos quedaron mirando. Permanecieron allí pastando, quietas, levantando la cabeza cada poco rato para vigilarnos; en ningún momento se acercaron más ni dieron muestras de exigir comida o de impacientarse porque no se les trajera. Sus tupidos vellones eran de distintos grises, marrones y blancos; y advertí que la mayoría tenía cuernos.

«Las ovejas de toda la vida tienen cuernos», me explicó Agnes. «Cuando montaron la Shetland Flock Book Society [Sociedad del Libro del Rebaño Setelandés] en 1927, aquella estandarización supuso cambios en la raza. Éstas son más auténticas que las de ese «libro del rebaño», más recientes. Las de toda la vida son capaces de guarecerse en cualquier sitio; conocen el clima y saben encontrar comida incluso en lo más crudo del invierno. Ese otro tipo más reciente también es recio, aunque ha perdido parte de esos instintos».

Me contó que una tarde, justo antes de que oscureciera —en el invierno de 1947—, se quedó descolocada al ver a su rebaño parado en pleno vendaval en un lugar que a ella no le pareció el adecuado. Pues bien, aquella noche el viento cambió de dirección y, por la mañana, la nevada más tremenda que ella había visto nunca había cubierto el campo. Si las ovejas se hubiesen resguardado donde ella pensó, habrían muerto sepultadas por una montaña de nieve... Antiguamente, todos los *crofts* tenían esa clase de ovejas, pero, con el tiempo —sobre todo a partir del «libro del rebaño»—, la preferencia por los vellocinos más suaves empezó a cambiarlas. Aunque las de las Shetland siguen siendo autónomas y salvajes comparadas con otras, se están haciendo más dependientes de los humanos.

Agnes me señaló una colina lejana en la que se encontraban las ovejas que se las apañaban solas, sin ningún suplemento de pienso, más allá de unos controles rutinarios y los cuidados básicos: «Las del "libro del rebaño" no sobrevivirían así».

Me pidió que me fijara en una hembra blanca que estaba quieta, con los hombros encorvados: «Es evidente por su posición que tiene frío. Y mírale el vellocino... ¿ves que está partido por la mitad? Así le puede entrar la lluvia. Yo, con una oveja así, no crío».

Agnes ha dedicado buena parte de su vida a recuperar la raza autóctona y espera animar a los demás a valorar y preservar las aptitudes sin parangón de las ovejas de las Shetland: «Hay que recordar las historias... Ellas nos hablan de la tierra, las personas y los animales. Yo sigo contándolas con la esperanza de que los jóvenes escuchen...».

Entre quienes piensan como ella se percibe cierto recelo frente a la «sobredomesticación»; es decir, que, por una excesiva interferencia humana, se acaben perdiendo las conexiones entre las razas y el territorio, y, con ellas, la capacidad de las personas para entender el lugar y los animales con los que trabajan. Tales cambios perjudican tanto a éstos como a los humanos, separándolos de los paisajes en los que prosperan y erosionando el conocimiento que exige una auténtica pertenencia, un auténtico apego a las Shetland.

## ¿Son los ponis setelandeses «una monada»?

Con su talla pequeña, su denso y mullido pelaje y lo poblado de su crin y su cola, lo primero que a cualquiera se le viene a la cabeza al pensar en los ponis de las Shetland suele ser, en efecto, que son «una monada». «¡Ay! ¡Pero qué cosa más mona!», exclamaban aquellos a los que les explicaba en qué consistía mi proyecto de investigación. (Hasta en el contexto de discusiones académicas en la universidad se ponía la gente a dar grititos y hacer arrumacos…).

En esa época fue muy compartido en redes sociales un anuncio del operador telefónico Three en el que aparecía un poni de las Shetland bailando en plan Michael Jackson, y no fueron pocos los que me reenviaron el enlace insistiendo en lo «monísimo» que era. Al principio, yo bromeaba con que igual rebautizaba mi tesis doctoral como *El club del poni bailarín: ponis y paisaje en las islas Shetland*, sin darme cuenta de que el «¡qué monada!» y todas sus versiones podrían ser una potencial amenaza para el futuro de la raza.

Cuando se dice que algo es «mono», se le está atribuyendo rasgos que se asocian con los niños: ojos grandes, torpeza entrañable y un aire, en general, de dependencia. O sea, todo lo contrario de la fuerza y la autonomía que se valora en los ponis de las Shetland.

«Haz el favor de mirar esto», me pidió Alice, una criadora, enseñándome un vídeo que se estaba reproduciendo en su teléfono. Se trataba de una boda de dos ponis setelandeses —uno con una chistera y con un velo nupcial el otro—. Aunque ya estaba acostumbrándome a lo de las monadas, jamás había visto una cosa así…

«Criadores de mascotas», se lamentó, sacudiendo la cabeza. «Están echando a perder la raza con estas chorradas».

«Criadores de mascotas» era una expresión que yo había oído bastante en las Shetland en referencia a un tipo concreto de criador —en general, del sur de Inglaterra— con un pequeño número de ponis «muy monos» a los cuales antropomorfizaban y domesticaban en exceso; prácticas que los criadores responsables de las Shetland consideraban por completo opuestas a las suyas.

Muchos me contaron que, sin apenas conocimientos equinos, los criadores de mascotas se compraban un poni setelandés «monísimo» y lo metían en un prado diminuto frente a su casa, cuando no en el propio jardín. Lo peor es que luego decidían que la yegua necesitaba un marido, y entonces iban y compraban un macho (normalmente a un precio bajo en una subasta). Y juntando una yegua y un garañón, lo normal es que acabe naciendo un potrillo...

En algunos casos, se quedan a los potros que crían y los dejan viviendo con su madre y su padre. Los criadores de las Shetland despreciaban tales prácticas. Aquello era tratar a los ponis como si fueran niños, animándolos a crear una especie de familia humana. Hacer que éstos «se casen» y vivan así tiene su base en una proyección antropomórfica, no en un afán de entender las necesidades y los deseos reales del animal. Negándose a aceptar su identidad equina —y subestimando, al tiempo, su inteligencia y su capacidad de tener sus propios intereses—, los criadores de mascotas les estaban perjudicando, a decir de los de las Shetland. Porque es verdad que no se considera que estemos ante una raza «amenazada» —a diferencia de muchas otras nativas de Reino Unido—, pero hay preocupación por que, debido a su escaso número, puedan terminar convirtiéndose en algo que guarde muy poco parecido con aquellos animales que tan importante papel desempeñaron en las vidas y los paisajes de las islas. Esas prácticas consistentes en criar ejemplares de menor tamaño cada vez y tratarlos como juguetitos —domesticándolos en demasía al controlar sus vidas en exceso y no dejándoles ni libertad ni espacio para desarrollar sus propios caracteres— acabarán por alterar el comportamiento de los ponis y los modos en que la gente se relaciona con ellos. Los criadores de las Shetland defienden con pasión que, por más que sus ponis sean pequeños, es vital no perder de vista que son equinos y garantizar que se les trate como tales. Unos espacios vitales reducidos o unas dinámicas de manada antinaturales se rechazan como circunstancias sumamente enojosas para los animales y causa de comportamientos negativos que afectan a la reputación de la raza.

Si la reputación de estos equinos cambia —ora a un juguete «muy mono», ora a un odioso ejemplar de raza *Shitland*—[25], se perderán de vista las destrezas que hacen de él un buen poni de carreras, un compañero fiable o una bestia de carga recia. Y no es sólo una cuestión de que a los criadores les preocupe que la raza que ellos aman se transforme. Porque los ponis siempre han demostrado su capacidad de adaptación, pero esta amenaza es distinta en la medida en que podría desbaratar unos vínculos que se han creado a lo largo de generaciones entre ellos, las personas y un territorio. Esta raza existe como parte de una compleja red de relaciones a través de las cuales animales humanos y no humanos crean la vida isleña y son creados por ella. Si tratamos a los ponis de una forma que hace que sus cuerpos y sus mentes olviden cómo fueron conformados por la agreste colina, el viento, la solicitud amorosa de los dueños de los *crofts*... perderán algo que es muy especial.

Así me lo explicó June:

> Con la domesticación no estás en condiciones de decir si son estúpidos o inteligentes, porque no tienen ocasión de mostrártelo. Cosas, por ejemplo, como predecir el tiempo y ser capaz de encontrar tu propio refugio... Si estás metido en un pradito con su vallita y su establito y todo, pues resulta que no tienes necesidad de hacer nada de eso, y entonces pierdes ese instinto. Y luego, si tienes potrillos, pues resulta que ya careces de ese conocimiento para transmitírselo a ellos...

Unas prácticas domesticadoras incorrectas o desconsideradas podrían transformar, en muy pocas generaciones, los vínculos existentes entre el poni y su territorio, destruyendo siglos de co-

[25] Zafio juego de palabras que, cambiando una e por una i, *Shetland* pasa a significar «país de mierda».

nocimiento intergeneracional. Tal pérdida afectaría al modo en que las Shetland son habitadas por las personas: las que al ver las manadas de la colina se acuerdan de las historias de sus abuelos, las que se alegran con los potrillos que nacen en primavera y las que sienten en relación con sus ponis una experiencia cotidiana de la tierra y del clima. Para que ellas y los ponis vivan juntos, estén conectados, ambas partes debe cumplir su papel. Los animales aprenden unos de otros, de sus dueños y de la tierra: la memoria de un lugar encarnada en sus genes y enseñada por aquellos con los cuales viven. Y la atención que los criadores prestan —a las historias y a la historia— les permite aprender y responder a la tierra y a los animales, asegurando la continuación de tales relaciones en el futuro.

## De la primavera al verano

Hasta que no viví en las Shetland, no me di cuenta de hasta qué punto los virajes de los árboles —desde las ramas desnudas a las yemas y, después, a las hojas, pasando del tierno verde a la efervescencia exaltada— afectaban a mi percepción de la época del año. Una vez allí, sin árboles que me contaran esa historia, me sentí atraída por señales más sutiles: los colores del suelo, los cantos de los pájaros, la sensación de la luz. El cambio de las estaciones era lento, casi imperceptible, hasta que una mañana, de repente, era verano. El sol estaba alto; la claridad intensificaba los colores de aquel paisaje de colinas, mar, flores y ovejas. El océano en calma reflejaba mundos de rocas, nubes y danzarines fulmares; el vuelvepiedras y el correlimos se lanzaban, como flechas, a la línea en que rompían las olas. Las algas, con el reflujo, crujían y crepitaban conforme se iba retirando la marea. A lo lejos cazaba una nutria que, con cada inmersión, dejaba anillos de plata que se iban estirando más hasta acabar absorbidos por el ritmo delicado del agua. El liquen crecía con vigor renovado —gris azulado, verde, amarillo—, acompañado ahora por clavelinas de mar que se alzaban desde zonas de verde dando la impresión de brotar de la pura roca. Desde la colina, las ovejas observaban sin hacer el menor movimiento que las acercara hacia mí: la hierba recién crecida es más apetecible que las bolas de pienso…

Entre los cantos de la alondra y el zarapito oí una súbita y ruidosa exhalación. Miré a mi alrededor, perpleja, sin detectar a nadie que pudiese haber emitido tal sonido… Otra vez. Esta vez un resoplido y un chapoteo. Por fin oteé unos delfines que salían a la superficie y, tras tomar aire, volvían a sumergirse. Serían treinta o quizá más. Las ondas que producían eran lo único que alteraba el plácido océano. Pronto supe que aquéllos no eran en rigor delfines, sino marsopas comunes; *neesicks* en el dialecto de las Shetland. El sonido que hacen es tan característico que, cuando alguien se queda sin aliento, dicen que «resuella como un *neesick*».

Habían crecido flores en una tierra aparentemente estéril, colmando el jardín de color. Yo había seguido sembrando, desbrozando, disfrutando del olor a tierra y de la sensación de estar con contacto con la vida. Cuando hube despejado la franja grande de la parte trasera, planté en ella patatas y zanahorias, tal y como me aconsejó Robbie. Pero el invierno se tornó primavera y la primavera se fue moviendo hacia el verano, y la lluvia se hizo omnipresente. Días de nubes bajas y llovizna constante, y días luminosos en los que el viento traía inesperados chaparrones torrenciales. Llovió más de lo que nadie podía recordar… Aquel tiempo inusual copaba las conversaciones —con los criadores de ponis, en las tiendas y en el ferri— y el agua encharcaba mi huerto recién plantado.

La tierra estaba saturada y en el prado aledaño se formó incluso un pequeño lago en el que vivieron una temporada dos cisnes. Yo miraba las gotas de lluvia bailar y chapotear allí donde estaban plantadas las patatas y sabía que no crecerían si no desaguaba, conque cavé dos anchas acequias. Fue un trabajo extenuante —la tierra mojada complicaba la tarea y era muy pesada para transportar—, pero, cuando acabé, los charcos menguaron. Probé a desenterrar una patata, y comprobé, para mi espanto, que se había desintegrado en un fétido fango verde. La cosecha se había echado a perder... Robbie me aseguró que aún podía replantar y que lo normal sería que prosperasen si conseguía mantener la zona seca. Y, así, con resuelto entusiasmo, hice más hondas las acequias, removí el suelo, añadí compost y subí los lechos. Por último, planté una nueva tanda de patatas y zanahorias.

Las coles rizadas y las coliflores seguían pequeñas y cenceñas, como si no fueran a aguantar, conforme estaban, ni una ligera brisa; de manera que opté por comprar plantones que hubieran pasado la fase del brote, listos para trasplantar. Mientras los iba añadiendo a la franja de verduras y sembraba también amapolas —cuyo paquete aseguraba que eran muy resistentes—, Lowrie se acercó a ver qué tal se me estaba dando. Me dijo que no me agobiara, que aquel tiempo espantoso se lo estaba poniendo difícil incluso a los hortelanos curtidos, y añadió que a lo mejor el drenaje de la zona había cambiado desde que Margaret y Willie cultivaban allí; quizá ahora llegaba más agua desde la colina. Le pregunté si había algo que yo pudiese hacer. Sacudió la cabeza y me recomendó que, de momento, cavara más acequias de desagüe y que, con suerte, en breve dejaría de llover.

«El año que viene puedes preparar un lecho en mi huerto. Hay bastante espacio libre», me ofreció. Abrió el maletero de su coche para enseñarme unas cajas de patatas de siembra. «Mira», dijo, cogiendo un cuchillo y cortándole una rodajita a una patata enana, oscura y nudosa (con un bonito veteado púrpura en su interior). «Ésta es la variedad setelandesa de toda la vida, las Shetland Black».

Me explicó que, antiguamente, todo el mundo las cultivaba, pero que, como se habían ido imponiendo otras variedades, la patata autóctona estaba en riesgo de extinguirse: «Hay muchas a las que llaman Shetland Black, y por fuera se parecen, pero dentro no tienen este dibujo. Así es como se distinguen».

Me dio unas cuantas de la caja para que probara con ellas. Yo estaba agradecida… y horrorizada ante la posibilidad de que mi incompetencia pudiera matar a un ejemplar de una especie en peligro. Antes de irse, Lowrie me contó que dos de sus ocas habían puesto huevos por primera vez: «Yo pensaba que estaban demasiado viejas, pero resulta que nunca se sabe…». Sonrió.

Bajo el sol, plantando aquellas patatas de las Shetland en la tierra más seca —cerca del lugar en el que las flores de jardín se encontraban con las flores silvestres, junto a la valla—, escuchando los sonidos del mar, los cisnes y las alondras, me embargó una oleada de optimismo. Sacaría adelante mi huerto.

## Hirta

Hacia finales de junio, los paseos con Yoda por el promontorio resultaban más esperanzadores: le había visto mostrar más interés en las ovejas, que a su vez parecían menos recelosas hacia él. Un día vino al trote detrás de mí cuando me acerqué al rebaño. Four White Feet acudió a nuestro encuentro acompañada por otras dos hembras, una con el vellocino gris y blanco y el morro rosa, y la otra negra por completo salvo por una uve blanca en la cara. Ambas recularon cuando Four White Feet se puso a olisquear a Yoda, acariciándole luego la cara con el hocico. Mi cordero no se retiró y, llegado un punto, él mismo le frotaba la cabeza, y hasta se agachó debajo de ella en busca de leche, algo que a la oveja no le hizo la menor gracia: salió escopetada hacia las demás. Entonces Yoda echó a correr hacia ellas balando ruidosamente. Starey Sheep avanzó y le dio un buen topetazo. A toda prisa, Yoda regresó y se escondió detrás de mí, balando todavía. Al poco volvió a la carga, directo hacia Starey Sheep, quien consiguió echarlo con otro embate. Un Yoda confuso y quejumbroso se tomó su biberón en el jardín y se puso a brincar sin que aquel desafortunado encontronazo ovejuno le hubiese dejado, en apariencia, mayor huella.

Más tarde, al regresar de mi paseo, recibí una llamada de una funcionaria de la inspección pecuaria. Cuando me hice cargo de Yoda, su dueña me había entregado unos papeles que yo debía cumplimentar, especificando dónde había vivido antes el cordero y dónde estaba viviendo ahora. La ley lo exige en aras de la trazabilidad en caso de que se produzcan brotes infecciosos. Pues bien: yo había incluido todos mis datos relevantes —nombre, dirección, etc.—, pero había dejado en blanco la casilla de número de explotación agropecuaria, ya que no tenía un *croft*. La mujer me dijo que faltaba información y, cuando le di las explicaciones pertinentes, me pidió que le describiera con detalle dónde tenía al cordero. Aunque Lowrie me había dado permiso para que Yoda estuviera en su prado, yo no sabía si eso era oficial o si, contándolo, podía buscarle un problema. Sin concretar mucho, le dije que se trataba de un *caddy* y que vivía en el jardín, a lo cual ella respondió que eso no reunía las condiciones y que, si no les facilitaba los datos debidos, estaría cometiendo una infracción. Cuando colgué, me invadió el pánico. Lowrie había tenido el detalle de acoger en su prado al corderillo huérfano que yo me había traído a casa —decisión que tal vez no había sopesado con el debido detenimiento—, y no quería ocasionarle más trastornos. Pero, si no debía dar su número de explotación agropecuaria, ¿qué podía hacer? ¿Y qué pasaría con Yoda?

A la mañana siguiente estaba ansiosa por oír el *quad* de Lowrie, igual que el día en que llevé a Yoda a casa. Por suerte, él me tranquilizó y me dijo que no había ningún problema con que el cordero estuviera allí, que lo de las ovejas siempre conllevaba un montón de papeleo. Aun así, le sorprendía que armasen tanto revuelo por un *caddy*, porque ni se iba a usar nunca para criar ni se le iba a trasladar a ningún otro sitio.

«Es su trabajo, supongo». Se encogió de hombros. «Llámales y dales mi número de explotación. No habrá problema. Tiene sus etiquetas y se le incluye en mi rebaño».

Aliviada, le di las gracias, sintiéndome fatal por aprovecharme, otra vez, de su amabilidad.

Cuando acabé de hablar con la oficina de la inspección pecuaria —para la que todo se resolvió con el número de explotación ganadera—, me escribió Roselyn para decirme que estaba a punto de empezar a trabajar con Hirta, ahora a su cargo, y que si quería acercarme. En el camino, el cielo se cargó de nubes y la lluvia se olía en el ambiente. El mar de color gris acero aventaba a unos raudos caballos blancos cuyos relucientes cuerpos iluminaba un sol invisible. Un garañón se encabritó en la misma orilla, alzando las patas y sacudiendo la cabeza con la crin ondeando al viento.

Subiendo ya hacia el prado, Roselyn me señaló la casa en la que había crecido, así como aquellas en las que aún vivía su familia. Cuando le pregunté si el hecho de que su padre trabajara con ponis había influido en su amor por los equinos, me dijo que no había sido exactamente así. Él no veía a los ponis de las Shetland como nosotras: «Para él se trataba de Jean la yegua, su amiga, a quien quería y la cual le ayudaba a llevar a casa la turba todos los años». Se rio al acordarse de cómo su padre, de niño, «se fumaba las clases para traer la turba». «Pero sé que llevo a estos animales en la sangre. Desde siempre. No paré de pedir un poni de las Shetland hasta que al fin, con trece años, lo conseguí».

Hasta ese momento, no sabía demasiado sobre esta raza, pero, cuando le regalaron su querida yegua, se empeñó en aprenderlo todo sobre ella. Tenía un impreso que detallaba su pedigrí, su genealogía: «Y me empapé de la raza y su historia. Luego, los de la Shetland Pony Stud Book Society [Sociedad del Registro Genealógico del Poni de las Shetland] se percataron de mi interés y me invitaron a implicarme. Hirta está aquí para encontrarse a sí misma», concluyó repitiendo la expresión que June había usado en relación con el traslado de aquella yegua a Whalsay.

Le ajustó el ronzal y la ató a la puerta. Después fue a buscar unos cepillos a un cobertizo repleto de arreos, rasquetas, cascos de equitación y otros aparejos. Mientras cepillábamos el lustroso pelaje de Hirta, Roselyn comentó que ese día sólo íbamos a trabajar con ella un poco, para empezar a acostumbrarla, y que sería Rebecca, su hija de trece años, la que se encargaría de casi todo durante el verano. Esa semana estaba compitiendo en el Shetland Pony Grand National [Gran Torneo Nacional del Poni de las Shetland], en la Escocia continental, y se pondría con Hirta en cuanto volviera.

La yegua estaba tranquila, movía delicadamente las orejas y se dejaba mimar, así que Roselyn se dispuso a colocarle la brida, metiéndole con suavidad el bocado en la boca y ajustándole el correaje. Ella trató de masticar el bocado, moviéndolo con los dientes y la lengua.

«Me parece que es la primera vez que la embridan», anunció Roselyn rascándole el cuello.

Cuando comenté que se lo había tomado con bastante calma, contestó: «Está claro que June ha trabajado con ella. Se aprecia una diferencia enorme cuando la gente les dedica tiempo a los ponis. O sea, que les gusta que trabajen con ellos. Mira», dijo pasándole la mano por los costados y por la zona en la que iría la cincha, sin que aquello turbase a Hirta, «está claro que ya la han tocado así antes. Facilita muchísimo las cosas cuando llega el momento de ensillarla».

Roselyn cogió una mantilla con cincha para ajustársela mientras me explicaba que era conveniente comenzar con algo ligero que les permitiera habituarse a la sensación sin el peso de una silla. La llevamos a la carretera. Ella avanzaba con aplomo y las orejas tiesas hacia adelante. Cuando pasó un coche, lo miró con interés. «June ha debido de sacarla a la carretera…».

Continuamos —ora al paso, ora al trote— hasta que Roselyn decidió que era suficiente. No quería exigirle demasiado, siendo la primera vez.

Hirta trotó colina arriba —para reunirse con su manada—. Roselyn estaba encantada de lo bien que se había portado, creía que tenía madera para ser «un excelente poni de monta».

¿Significaba que se había «encontrado a sí misma»? Roselyn se rio y dijo que eso pensaba, aunque ya se vería. Me explicó que a los ponis de las Shetland les encanta ser útiles, pero que cada uno es útil a su manera, y por eso le estaban dando a Hirta la oportunidad de probar cosas nuevas.

> Mira, por ejemplo, Idiot[26]: nació para las carreras. En cuanto le pones la silla, se entusiasma tanto que se pone a dar botes. Y luego corre y todavía quiere más. Disfruta cada instante. Yitter, en cambio… Es un buen animal, estupendo con los críos y el ronzal, pero jamás querría competir. Tienes que descubrir lo que a cada uno le gusta, ir viendo por dónde tiran. Y parece que a Hirta le va a encantar ser un poni de monta…

Pregunté a Roselyn por qué era tan importante para los ponis de las Shetland ser útiles. «Prefieren tener un trabajo. Siempre fueron animales de faena y están más a gusto si sirven para algo».

Le preocupaba que se creyera que eran inútiles. De ahí que le pareciera esencial «trasmitir el mensaje de que esa caricatura de los ponis como unos estafermos pequeñajos y rechonchos no es cierta. Son igual de inteligentes, cuando no más, que cualquier otro equino».

[26] O sea, «Idiota».

Si eso se olvida y se crían sin los conocimientos necesarios, su futuro estará en peligro. «Por eso es vital que los criemos en las Shetland. Son de aquí. Por eso son como son. Nosotros somos, y tenemos que seguir siendo, el centro del universo del poni setelandés». Cuando le comenté que iría a las evaluaciones de los garañones de la semana siguiente, añadió: «Son importantísimas. Hoy las Shetland son el único lugar de Reino Unido en el que se evalúa a los garañones así».

Tras una normativa de la Unión Europea que suprimía la evaluación obligatoria de los garañones antes de usarlos para criar, en las islas se temía que se echara mano de ponis con capacidades menores, transmitiendo características no deseadas y poniendo así en peligro la pervivencia de la raza. La Pony Breeders of Shetland Association [Asociación de Criadores Setelandeses de Ponis] confeccionó a ese respecto un protocolo de evaluación voluntario. A partir de entonces, tres jueces lo aplicaban y les otorgaban a los candidatos la correspondiente medalla de oro, plata o bronce.

«Evaluarán a un montón este año», dijo Roselyn, «y lo van a hacer también en Unst[27]. Esperemos que la gente se siga animando. Será definitivo para mantener la calidad de los ponis criados en la isla...».

## Evaluación de garañones

La luz dorada se derramaba a través de las cortinas cuando, a las cinco y media de la mañana, sonó el despertador. Traté de espabilarme para llegar al ferri de las seis y media, que sería el primer paso de mi viaje a Unst, pero una sensación de agotamiento extremo hizo que me tumbara otra vez y me quedé dormida. Desperté sobresaltada unas horas después,

[27] Otra isla del archipiélago de las Shetland.

salí disparada hacia el coche y conduje hasta Symbister, con la esperanza de que quedara aún hueco en el siguiente barco. Resultó que era el día de la Gala de Whalsay y jamás había visto en Symbister tal trajín. Un montón de mujeres y niños entraban al salón municipal. Fuera, un cartel pintado a mano prometía PINTURA DE CARAS, PESCA DE PATOS Y ADIVINA EL CUMPLEAÑOS DEL MINION. En el puerto deportivo había grupos de hombres que, vestidos con gorras de lana y jerséis tradicionales de la isla de Fair, aguardaban ante pequeñas embarcaciones. Otras navegaban por la zona resguardada de la bahía, disputando una regata en miniatura.

Tres trayectos en ferri después, llegué por fin a Unst y conduje, en dirección norte, hasta Hermaness, en el extremo de la isla. Entonces se abrió ante mí el vasto océano. La única tierra visible era Muckle Flugga (más allá sólo están Groenlandia, las islas Svalbard y el polo norte). Según la leyenda local, esa isla se formó cuando los gigantes Herman y Saxa se enamoraron, los dos, de la misma sirena (*mermaid*) y lucharon por su amor lanzándose enormes rocas, una de las cuales se convirtió, en efecto, en Muckle Flugga. Su faro, precariamente encaramado en lo alto de un acantilado, fue, durante un tiempo, el territorio británico habitado más septentrional. Hasta que, en 1955, con la automatización, el último farero abandonó el lugar. Incluso en aquel día tranquilo, las olas salpicaban los acantilados. Traté de imaginarme cómo sería vivir allí en los arduos meses del invierno... Luego supe que, cuando se desataban temporales, izaban a los marinos desde los barcos hasta el faro sobre el oleaje que se estrellaba contra las rocas.

Caminé por una larga pasarela de madera que recorría, serpenteando, una accidentada turbera. A mi alrededor, la hierba algodonera se deshacía: las pelusas se desprendían de los tallos y se desperdigaban por el aire. Las que quedaban enganchadas en los matorrales tal vez se convirtieran en las plantas del año próximo; otras se perdían en el mar. El áspero e hirsuto brezo se antojaba más suave con su traje verde estival. En los espacios que dejaba, crecían delicadas flores rosas y amarillas junto a despampanantes orquídeas. En los confines de la costa abundaban las clavelinas de mar. Estaba atravesando un florido prado costero en verano… pero el viento traía un olor menos floral de lo que tal entorno haría suponer: un tufo penetrante como a amoníaco y pescado, el hedor inconfundible del guano, que anunciaba lo que me esperaba más adelante.

Avisté págalos encaramados en lo alto de colinas herbosas, vigilantes. Algunos me sobrevolaron, pero sin lanzárseme en picado. Debían de estar acostumbrados a compartir el camino con la gente. Me sorprendió lo grandes que estaban los polluelos. Hacía sólo unas semanas que había visto, en Foula, aquella cómica bola de plumón patilarga. Éstos se parecían más a sus progenitores: en sus alas despuntaba el plumaje de vuelo y sus picos eran grandes y afilados. Caminaban, corcovados, tras sus padres, sin dejar de emitir malhumorados quejidos. Me recordaban a las gaviotas urbanas tanto en el sonido como en el movimiento.

Donde la tierra acababa, un cielo veteado de nubes reflejaba en el mar sus dibujos y empezaba de verdad el mundo de las aves. Rocas cubiertas de guano relucían al sol, y el viento llevaba el griterío clamoroso de millones de seres alados. Los graznidos de los araos y las alcas se elevaban desde los saledizos que quedaban sobre las olas de blanca cresta; a los fulmares se los escuchaba desde debajo de la línea de las clavelinas de mar, y el lejano sonido de las gaviotas tridáctilas resonaba por doquier. Fueron los alcatraces, sin embargo, los que me dejaron con la boca abierta. En unos acantilados imponentes donde, con la erosión, se habían formado cientos de repisas naturales, hasta el último recoveco disponible estaba habitado por una pareja de esta especie… Con los prismáticos divisé los detalles de sus cabezas amarillo claro: unas líneas negras les cruzaban el afiladísimo pico y me impactaron sus ojos azules, que parecían no pestañear nunca. Los veía tan cerca que sentí que me estaba colando en sus casas como una *voyeur*… Centenares más colmaban el cielo con sus alas poderosas, iban al mar en busca de comida o regresaban a sus nidos con pescado para sus parejas y polluelos.

Cuando el sol descendía hacia el horizonte, fui con el coche hacia el hotel, pero me detuve en Lund Stone. Esa roca que se yergue sola lleva vigilando el lugar cinco mil años, testigo de los asentamientos y las antiguas iglesias de gentes nórdicas, de vidas y paisajes cambiantes. Dejándome llevar por un impulso, alargué la mano y toqué su rugosa superficie. Aquella piedra hecha de historias estaba cubierta de musgo vivo… Cuando cantó el zarapito, alcé los ojos y pronuncié mis anhelos y mis sueños, mi deseo más grande. El aire cambió entonces de dirección, una ráfaga de viento —potente, íntima: mitad diurna y mitad nocturna, mitad de tierra y mitad de mar—, y me sentí escuchada, atendida. Al día siguiente, mi deseo se hizo realidad.

Por la mañana, bajo unos nubarrones que amenazaban lluvia, miraba a los ponis caminar al paso y al trote por el picadero, luchando por concentrarme; distraída, era incapaz de seguir las conversaciones o de tomar las notas oportunas. No paraba de ir al baño, en parte porque me entraban todo el rato unas ganas tremendas de hacer pis, aunque también para ver si sangraba. Pero no, no sangraba a pesar de que tenía que haberme bajado la regla unos días antes… Se me disparó el corazón. Había percibido señales sutiles e intuía que estaba embarazada. Consciente, sin embargo, de que mi imaginación podía jugarme una mala pasada, me haría un test antes de permitirme creérmelo. Llegué a casa cuando oscurecía tras el segundo día de evaluaciones de garañones y fui directa al baño. Comprobé, nerviosa, la fecha de caducidad del test, a pesar de que sabía lo que iba a decir.

Mis pensamientos y sentimientos cuando salí a pasear en los días posteriores estuvieron desbordados, como si mi cuerpo albergase más de lo que cabía en él. El centro de mi pecho estaba ocupado por una intensa sensación de paz y felicidad, de que el camino a la maternidad era el que necesitaba. El momento era adecuado y estaba lista. Así y todo, me asaltaban dudas sobre qué podía yo ofrecer. Pensaba en las familias que conocía: redes de relaciones, tías, tíos, primos, abuelos, vínculos con la tierra, con los animales y con la historia. Raíces. Todo lo que a mí me faltaba... Rememoré mi propia infancia. Mis padres fueron, los dos, hijos únicos; los padres de mi madre habían muerto antes de que yo naciera, a mi abuelo lo perdí con cuatro años y a mi abuela con catorce. Mis padres rara vez recibían visitas de amigos y, cuando pensaba en los sonidos de las que fueron mis casas de infancia, las únicas voces que recordaba eran las suyas o las de BBC Radio 4. Pasaba las fechas señaladas que se asocian a celebraciones familiares —como las Navidades— a solas con ellos hasta que, cuando cumplí nueve años, se divorciaron, después de lo cual la cena de Nochebuena tocaba con mamá y la Navidad con papá.

Crecí ligada a la realidad rural: mis amigos eran los pollos, la cabra y el burro, las flores, los insectos y mi imaginación. Mi primer día de colegio fue un *shock*. Sin ningún tipo de experiencia con hermanos o niños de mi edad, no sabía qué hacer. Las clases no me suponían problema alguno —tenían su estructura y sus actividades, y el profesor era simpático—, pero el recreo me daba pavor. Encogida contra la tapia del patio, miraba sin entender los juegos y las conversaciones, queriendo participar pero sin saber cómo. Por la mañana, me quedaba esperando en la puerta a que llegase el profesor, pues buscaba a alguien con quien me atreviera a hablar... También me ocupaba de un pimpollo de roble que había junto a un muro, soñando con el día en que se convertiría en un árbol, fantaseando con trepar hasta lo alto de sus ramas y escapar de ese lugar de hormigón y caos.

Acordarme de aquello en relación con una nueva vida que crecía dentro de mí transformó mi percepción del pasado, intensificando la soledad que entonces comprendí que aún no me había abandonado. Estaba desnortada, un poco perdida. Cuando llegó el día de anunciar el embarazo —de compartir nuestra alegría—, fue por teléfono y a unos parientes que se encontraban lejos. No se ofrecía ninguna solución fácil: tanto mi familia como la de Steve estaban dispersas por el país, sin el menor tipo de arraigo en los sitios en los que residían; ninguno de los dos teníamos la posibilidad de volver «a casa» para empezar nuestra vida en familia. Sea lo que sea la pertenencia, el apego, era algo que a mí me costaba trabajo encontrar. Me preguntaba si sería capaz de darle una sensación de seguridad y hogar a mi propio hijo... Pensando en cómo allí la gente consideraba que llevaba a las islas en la sangre —ante aquel hondo sentimiento de hogar, de pertenencia y apego que los conectaba con las islas que amaban—, se me pasó por la cabeza que a lo mejor yo llevaba en la mía la falta de raíces, de permanencia... Sin ningún espacio concreto asociado a mi familia y apasionada, por el contrario, por el cambio y la exploración, me había mudado muchas veces, y aquel viaje a las Shetland no era sino otro de tantos. A pesar de todo, de ese anhelo secreto, me costaba imaginarme quedándome en un mismo sitio para siempre... Aunque era una idea tentadora y algo que, sin duda, deseaba, al mismo tiempo lo rechazaba porque me resultaba limitador, claustrofóbico. ¿Significaba eso que yo llevaba en la sangre la contradicción? Y, si no lograba descubrir lo que quería de la vida, ¿qué consecuencias tendría eso para mi hijo?

Un día, frente al mar, me llamó la atención un movimiento: un largo lomo curvado con una pequeña aleta que a continuación desapareció entre las olas con una oscilación fluida. Al cabo de unos minutos lo divisé un poco más allá. Un rorcual aliblanco viajaba junto a mí, junto a nosotros. En ese mismo instante, un arcoíris formó un puente entre la tierra y el mar, entre el suelo y el cielo: un recordatorio de que la conexión con un lugar, con el espacio que se habita, puede surgir de esos instantes, de esas oportunidades y de esos encuentros para desarrollarse; una constatación de que las raíces no dependen de historias específicas (hay muchas formas de crecer...). Y la calma regresó a mí. El mundo estaba lleno de belleza que compartir con mi hijo. A lo mejor no teníamos un hogar como tal, pero, juntos, crearíamos uno. Conformaríamos el nuestro en un viaje de amor compartido.

## 6

## PREPARANDO EL *SHOW*

Sonó el despertador, agudo e insistente. Lo silencié, volví a tumbarme y cerré los ojos. Me sacudió un oleaje de náuseas, tan intenso como si mi cuerpo, la cama, el mundo entero estuvieran moviéndose. Me quedé inmóvil, con la esperanza de que remitiera. Había oído, por supuesto, lo de las ganas de vomitar por las mañanas; mis amigas me habían descrito las épocas difíciles de sus embarazos. Pero no creí que fueran así… Unas arcadas persistentes, una debilidad permanente y una aversión hacia cualquier alimento que me acompañaban durante todo el día. Y además estaba entrando en una de las épocas más exigentes de mi trabajo de campo: los preparativos de las ferias pecuarias del verano. Tenía que estar activa, presente y atenta… y a la vez luchar contra mi propio cuerpo.

«Mi querido bebé», dije, «te adoro, pero, mira, ¿podrías provocarme, por favor, unas poquitas menos náuseas? ¿Unas poquitas, nada más…?».

La travesía en ferri fue brava: un fuerte viento de componente este traía las olas atravesadas y el barco no paraba de zangolotear y dar tumbos. Me senté en un habitáculo cuyas ventanas me ofrecían un punto en el que fijar la mirada. La tierra se movía despacio mientras escuchaba a un padre contarles a sus hijos una historia sobre las recias ovejas que vivían en libertad en una isla cercana. Vi de reojo mi reflejo; estaba pálida y ojerosa. Con eso contaba, pero me asombraron las líneas de preocupación que surcaban mi rostro... Desde que supe que iba a ser madre, reparaba en cualquier cambio o molestia y me preguntaba si sería normal o indicaría algún problema. Busqué en Google «Aborto espontáneo» creyendo que así me quedaría más tranquila... y descubrí, horrorizada, que uno de cada cuatro embarazos termina así. No conseguía quitármelo de la cabeza; ni siquiera llamando por teléfono a la maternidad del hospital para que me dieran unas garantías que nadie podía darme... Las náuseas, por lo menos, me tranquilizaban, pues parecían confirmar que la preñez seguía adelante, y los síntomas no habían disminuido. Así y todo, aquel malestar también producía el efecto contrario: sentía que me encontraba demasiado mal para que mi bebé y yo estuviésemos sanos... Y sucumbí a la ansiedad: tests de embarazo recurrentes para asegurarme de que la rayita se oscurecía, análisis de mis síntomas siguiendo la *app* «Ready Steady Baby!» [Preparados, listos... ¡bebé!], y mucho pero que mucho tiempo y atención dedicados a leer en foros de internet sobre el embarazo, como si el resultado de las gestaciones ajenas tuviese algún tipo de repercusión en la mía.

Lo peor era no poder contarle a nadie cómo me sentía. Temía que romper la «regla de las doce semanas» significara tentar a la suerte, por lo que trataba de comportarme con normalidad, ocultando en lo posible el malestar físico y el desasosiego.

Sólo conduciendo por las serpenteantes carreteras del oeste de la isla de Mainland empecé a relajarme: la naturaleza captaba mi atención y me sacaba de mis preocupaciones. Las colinas, cubiertas de brezo, adquirían ya ese lustre púrpura del cual brotarían pronto las flores. Los que antes eran diminutos corderillos se aventuraban más lejos de sus madres, explorando la colina con otros congéneres de su edad y sumándose sus voces al canto del zarapito en la ininterrumpida comunicación que mantenían con el rebaño.

Me acercaba al *croft* de Jackie, una casita de piedra blanca rodeada por el mar y la colina y sentía acrecentarse la magia de la escena, la propia presencia de la isla de Foula, cuya silueta se recortaba en el horizonte. Jackie se había establecido allí hacía veinte años. Al poco de llegar, fue a la subasta de ponis de Lerwick, donde se enamoró de una potra. Se dijo que, si podía hacerse con ella por el mismo importe que había recibido vendiendo unas botas de montar, la compraría. Ella pensaba que el precio subiría mucho más, pero, para su sorpresa, su puja fue la ganadora… y desde ese día se dedicó a cuidar y criar ponis. Su *croft* era siempre un hervidero de actividad. También tenía ovejas, vacas, gallinas y pavos. Se conocía a cada individuo; sus peculiaridades se presuponían y se aceptaban. Jackie fue una de los primeros criadores de ponis que conocí, y, cuando supo que quería adquirir experiencia con estos equinos, me pidió que la ayudara con la exhibición de aquel verano.

Estaba fuera, con sus tres terrier jack russell jugueteando a su alrededor. Los guardó primero —prometiéndoles más paseos después—, y se giró hacia mí: «Venga, vamos a por un par de ponis y te enseño cómo se exhiben».

Esquivamos a gallinas y pavos que deambulaban a su aire, rehuyendo los acercamientos de un *caddy* adulto que había decidido volver de visita: «Tenemos que llevarla otra vez a la colina», dijo Jackie. La oveja balaba sin cesar y nos perseguía pero si abríamos la puerta de su prado salía pitando hacia la casa.

Había yeguas y potros paciendo junto a antiguas casas de *crofts* cuyos muros brindaban cobijo a nuevas generaciones, y el sonido de la alondra y del zarapito llegaba desde todas las direcciones a la vez. No estaba cerca, ni lejos; simplemente estaba…

Escogimos varias yeguas: Tawney, patilarga y de dos años, de pelaje castaño brillante y con una lista en la cara; Midnight[28], un tranquilo poni ruano negro, y Ellen, un menudo y bonito ejemplar de capa mulata. Eran los ponis con los que iba a trabajar más de cerca, y debía dedicar tiempo a conocerlos, ir a verlas siempre que pudiera para practicar con ellas. Jackie me enseñó a modular la presión de la cuerda para propiciar unos andares fluidos que resaltaran las hechuras del poni.

Otro día vino Bjørn para compartir con nosotras su experiencia en la presentación. Insistió en la importancia de prestarle atención al animal. Tenían que colocarse en la mejor posición, bien plantados y dando muestras de interés, porque el juez podía mirarte a ti en cualquier momento. Dejó claro que ninguno es perfecto, ni siquiera los que son realmente buenos, y que una de las artes de exhibirlos consistía en concentrar las miradas en los puntos fuertes del poni en cuestión y desviarlas de sus puntos flacos. Dijo que Midnight era un animal bueno y fuerte, pero que su cabeza era un poco simplona. Cogió la cuerda y la movió de manera que flexionara el cuello; el sol cayendo sobre su pelaje moteado destacaba su belleza.

Estuve yendo allí durante toda la primavera y el verano. La calta palustre fue dejando su sitio al iris silvestre y florecieron las orquídeas. Poco a poco fui aprendiendo a moverme con los ponis, interiorizando el contacto de la cuerda e interpretando sus humores. Pero, aunque mi aplomo iba en aumento a medida que transcurrían las semanas, cada vez era más consciente de mi cuerpo embarazado: un sentimiento de debilidad allí donde había contado con estar fuerte, un temor inesperado… Me daba miedo tener un accidente, caerme o recibir una coz en la

[28] O sea, «Medianoche».

barriga. En una ocasión, Midnight dio un tirón tan brusco que a punto estuvo de arrastrarme y hacerme caer. Solté la cuerda y dejé que se fuese corriendo, algo que nunca hay que hacer, pero me preocupaba demasiado lastimar al bebé. Y a aquella angustia se sumó otro temor: Jackie me había abierto su casa, había compartido conmigo las historias sobre su vida con los animales y se había tomado la molestia de enseñarme con paciencia a presentar a los caballos. Por problemas de movilidad, ella no estaba en condiciones de encargarse de la exhibición, así que me tocaría ir a mí, y no quería fallarle.

## La cría y las exhibiciones

En todas las visitas que hice en verano a criadores de ponis, el tema de conversación fueron las exhibiciones. Como en las Shetland había menos ocasiones de presentarlos que en Gran Bretaña, aquellas ferias pecuarias del verano resultaban especialmente importantes. Las zonas de los ponis estaban divididas en secciones según la edad y el sexo de los animales, y los participantes eran evaluados por un juez profesional conforme a los estándares de la raza. Todos coincidían en lo relevante que era que todo saliera bien. Poner premios junto a los nombres de los ponis en las webs de las cuadras, o en los catálogos de las subastas, influía en los precios y en el prestigio de la cuadra en cuestión. Pero no era sólo un asunto económico: había un sentimiento genuino de orgullo y realización cuando el duro trabajo de la cría, el tiempo dedicado, los cuidados y la atención eran reconocidos y premiados. Aunque el deseo de criar ponis con características que se asociaban al pasado era común en todo el archipiélago, eso en la práctica significaba, para cada cual, cosas diferentes. La gente quería un tipo particular, reconocible como parte de su cuadra.

June me dijo:

> Mi idea de la cría se basa en lo que me gusta. Yo sé cuáles son mis objetivos. No son ambiciosos, pero los conozco: criar un poni grande, pesado, sólido y que se mueva bien. Y con el temperamento en su sitio, ¿eh? Y si además son blancos y negros, encantada. Me gustan mis colores… Y eso es lo que quiero, no ganar en grandes ferias lujosas y demás. Lo único que quiero es mirar a mi alrededor y estar contenta con lo que veo. Me parece que una tiene que crear su propio tipo, su propia raza, ¿me entiendes? Que cuando alguien se los encuentre, piense: «Tú seguro que tienes algo que ver con June». A mí ahora me pasa eso. Me pasa con los míos, pero también con los otros, en cualquier picadero… Me digo: «Apuesto a que ése desciende de Spangle, el de Berry». ¿Me entiendes? Se va creando una identidad… Me acuerdo, hace unos años, que Edwin, un veterinario jubilado, vino a las evaluaciones y me dijo: «Oye, ese garañón es de los tuyos». Y yo respondí: «Pues sí. Mi viejo muchacho es su abuelo». Y él me dijo: «Ya me parecía a mí…». Y yo me quedé más ancha que larga. Después de eso, que me dieran los premios me importaba un carajo. Conque alguien hubiera distinguido el tipo de mi poni del resto…

La alegría de June se debía a que su labor como criadora se reflejaba en el físico de un poni, al que se conocía e identificaba como uno de los suyos. Me enseñó una carpeta en la que archivaba las genealogías de sus cuadras. Aunque eran muchas las incluidas en ese árbol genealógico, los ponis conectados con Wells o Berry estaban resaltados con un diagrama de líneas rojas y azules. De repente, me señalaba un nombre y me contaba la historia del correspondiente animal: cómo se enamoró de su garañón Urban el de Knowe, la relación que acabaron manteniendo a lo largo de los años, los potros que engendró; Toni, la matriarca y profesora; Belle la de Berry, muerta hacía ya años, pero cuya influencia persistía aún en los rasgos de los que nacían décadas después. Observar a los ponis, reconocer los atributos asociados a linajes particulares y entender cómo funcionaban en la práctica eran aspectos clave en la cría de June. Ella no quería que el linaje Berry, ni el Wells, acabaran dominando a los demás, sino que aspiraba a combinar las características que le gustaban, adaptándose e improvisando con la experiencia, aprendiendo a través del amor.

Carole, de la cuadra Gue, me enseñó un trofeo que había ganado en la feria de Unst. Sus dedos recorrieron el metal, pasando por los nombres de los anteriores galardonados y deteniéndose al llegar a otro poni de Gue que su padre había criado hacía años. Me explicó que ganar en Unst, que era donde empezó su cuadra, fue muy especial para ella, porque sintió que conectaba su labor diaria con la historia de sus antecesores. Los ponis que había heredado eran, en general, de color gris y altura media. Con los años, ella fue introduciendo más tonos y reduciendo la talla, criando con los más pequeños y eligiendo «minis» cuando compraba. Pero, como no quería que el menor tamaño comportara pérdida de reciedumbre, elegía con cuidado la hechura que le gustaba y, cuando podía, seleccionaba ejemplares cuyo linaje tuviese algo de la vieja sangre Gue. Mientras contemplábamos la hermosa mezcla de ponis castaños, grises y ruanos, me recordó que criarlos era algo que se hacía por amor, no por dinero. Era el amor, por los ponis y por la tradición familiar de la cría, lo que la había llevado a quedarse con la cuadra al morir su tío. Y aunque tenía muy a gala la conexión que había entre su labor y la de aquellos que la habían precedido, combinar la continuidad con la innovación, modelando el linaje para crear su propio tipo, significaba mucho para ella.

El tamaño, el color, la hechura y el movimiento eran atributos que los criadores mencionaban siempre; insistían en el valor de planificar qué yeguas y garañones juntar cada año. Ninguna unión garantizaba un resultado, pero se esperaba que, con cierto grado de conocimiento y previsión, salieran buenos ponis cuyas características respondiesen al estándar de la raza. Para ello, no bastaba con conocer a un ejemplar concreto; un criador responsable ha de conocer también los pedigrís de sus ponis. Una parte central de la labor de cría consistía, por tanto, en entender los orígenes, concretar lo que se quería producir y tomar decisiones sobre esa base.

### Fijarse

Ahora que Yoda se había hecho mayor, vivía en el prado de las ovejas. Estaba demasiado grande para colarse por los huecos… Le había reducido los biberones y había introducido pienso en su dieta. Aquellas bolas prometían proporcionar todos los nutrientes que un cordero en crecimiento necesitaba, y a Yoda le encantaban. En cuanto oía la bolsa, pegaba un brinco y lanzaba las patas traseras al aire. Por desgracia, si se las echaba por encima de la valla, él, por lo que fuera, no era capaz de encontrarlas entre la hierba. Desconcertado, me clavaba la mirada y se ponía a balar con insistencia y a golpear la puerta con las pezuñas. En fin, que empecé a ponérselas en un cuenco. Las otras ovejas no tardaron en percatarse de que podían hacerse con la mayor parte del botín. A la hora de comer de Yoda, lo rodeaba un tropel lanudo que se zampaba lo que a él se la caía. Cuando pensaban que me había ido, le daban un topetazo, o bien lo apartaban con suavidad —pero con insistencia— del cuenco. Él nunca protestaba; se limitaba a recular con un gesto tan triste que yo no podía soportarlo. Así que decidí echar pienso a las otras cuando iba a llenarle el cuenco, para que le dejaran en paz… Cuando acababan, la manada subía en fila por la colina. Dos de ellas, sin embargo —Four White Feet y una oveja con bigote blanco—, se quedaban atrás. Iban hasta Yoda y le acariciaban con el hocico, tras lo cual se alejaban unos pasos hacia el resto. Como él no las seguía, se detenían varias veces, balándole y animándole a acompañarlas. Lo hacían cada día, no perdían la paciencia... A veces, por un momento, daba la impresión de que Yoda lo había entendido: caminaba unos pasos haciendo amago de seguirlas... pero de pronto volvía y se quedaba solo junto a la puerta.

En aquella época me fijaba más en los estorninos, en cómo se posaban en los muros de la casa del viejo *croft*, intensificando y modulando su canto a medida que iban llegando otros. Estaban allí, aguardando, antes de que le echara de comer a Yoda. Y eso que no le alimentaba a la misma hora de siempre —no era una rutina predecible—, pero no faltaban a su cita. Al fijarme me di cuenta de que si entraba en el prado o en el garaje —que era donde guardaba el pienso—, no me hacían ni caso. Si mi intención era, sin embargo, ir a echar de comer al cordero, entonces lo sabían... Comprendí que había algo en mí que ellos interpretaban, quizá un cambio en mis movimientos o un reajuste de mis propósitos, del mismo modo que leían los ritmos del paisaje.

Una tranquila mañana, Robbie señaló al mar, donde las gaviotas graznaban y se zambullían en los bajíos: «Eso quiere decir que hay abadejos cerca de la costa».

Me contó que, de niño, él y sus amigos iban a las rocas con sus cañas cuando las aves se comportaban así. Los abadejos, fáciles de pescar en las condiciones adecuadas, eran un valioso recurso, porque, si se salaban y secaban, podían almacenarse para épocas de carestía. Me dijo que ahora la mayoría de la gente salía al mar para pescar caballa o langosta, pero que todavía se veían a veces abadejos colgados en tendederos en las islas. Yo me fijé en que las gaviotas observaban los hoyuelos que se formaban en la superficie del agua e indicaban la presencia de peces moviéndose debajo.

Amaba esos instantes en que la atención, las conexiones cotidianas y el carácter animado del paisaje se hacían de golpe evidentes. Asimismo, yo estaba aprendiendo a hacer algo similar cuando advertía el grito de alarma del *shalder* o cuando la visión de las gaviotas zambulléndose me llevaba a escrutar el agua. A menudo no sabía identificar las causas de esos comportamientos, pero en ocasiones sí descubría a un págalo volando en lo alto o a una nutria silenciosa en la marea baja. Con la guía de mis vecinos, estaba aprendiendo formas de fijarme, de estar atenta, que abrían la puerta a nuevas percepciones del lugar, del espacio.

Aunque el griterío constante y el raudo movimiento de los *tirricks* atraían mi mirada, entendía que, si me acercaba en exceso, me atacarían. Sus afilados picos eran un arma eficaz contra los intrusos. Descubrí que, si me mantenía dentro de las veredas de las ovejas que serpenteaban por la costa, los charranes me ignoraban. Pero si mis pies se salían de ellas lo más mínimo, uno o dos pájaros volarían hacia mí entre estruendosos chillidos, sin dejar de cernirse sobre mi cabeza hasta que hubiese vuelto al sitio que, según ellos, me correspondía.

Un día, Lowrie e Ina estaban hablando de los charranes, que volaban en círculos sobre los restos de un antiguo pilón para desinfectar ovejas. Lowrie dijo que pensaba que les esperaba una época difícil porque había sido un año raro. Había demasiada humedad y los pescadores decían que no encontraban caballa en los lugares de costumbre. Ina asintió y añadió que además hacía frío, como si el invierno no se hubiera ido del todo…

—¿Hay muchos huevos de *tirrick*? —preguntó a Lowrie, que contestó que aún no había ido a contarlos.

—Voy a echarles un ojo —respondió él, y me invitó a acompañarle.

Caminando por las rocas hacia el cabo, Lowrie me explicó que iba a revisarlos una vez al año, pues no quería molestarles demasiado. Con un palo en alto para protegerse de los ataques, me advirtió que debía mantenerme detrás de él y que pisara exactamente en sus huellas. Cuando nos acercamos, la colonia echó a volar, una arremolinada masa blanca contra el cielo azul. Los gritos retumbaban en el interior de mi cuerpo. Entonces, Lowrie se detuvo y señaló al suelo, y dos pájaros se lanzaron en picado sobre nosotros en rápida sucesión; un golpe sordo me indicó que habían golpeado en el palo. Se trataba de un nido. Eran sólo unas pocas briznas de algas secas y hierba amarillenta en las que reposaban dos huevos verde oliva con pintas marrones. Estaban tan bien camuflados que, cuando instantes después volví la vista atrás, no logré encontrarlo.

Lowrie señalaba a un sitio y a otro, detectando los nidos mucho antes que yo. Estaba claro que nunca podría ir allí sola. Aunque pusiera el mayor de los cuidados, carecía del conocimiento necesario para no poner en peligro aquellos valiosos huevos. Le pregunté cómo hacía para verlos desde tan lejos y me explicó que los movimientos y los chillidos le indicaban que estaba cerca de uno. Entonces examinaba el acantilado en busca de formas delatoras, de indicios de actividad deliberada; las algas arrastradas por el viento no están colocadas igual. Cuando nos alejamos, las aves, más tranquilas, regresaron en su mayoría a las rocas, aunque algunos centinelas continuaron volando en círculos para asegurarse de que nos marchábamos.

Pensé en las señales, en las que emitimos y en las que recibimos conforme andamos por la vida. Y reflexionar sobre tales conexiones entre la atención y la pertenencia, todas ellas distintas formas de apego, me trajo de nuevo a la mente algo que me había turbado a propósito de los ponis isleños y de sus inminentes exhibiciones. De alguna manera, los comentarios de los criadores parecían contradictorios. En mis notas de campo había algunos pasajes con signos de interrogación y apuntes en los márgenes; intentaba encontrar sentido al hecho de que los criadores, que insistían en la importancia de una cría meticulosamente planificada, dieran muestras de sorpresa y aprensión en la época en que las yeguas parían. Respetar los deseos de los ponis parecía, en efecto, algo esencial en su labor diaria. Sus decisiones, sin embargo, a menudo obedecían a categorías en apariencia abstractas. Daba la impresión, en fin, de que los criadores querían de sus ponis cosas similares —estructura correcta, buena hechura, color bonito—, pero luego cada cual quería asimismo que fueran identificables como el «tipo» de su cuadra. Es decir, que había, sí, un marcado contraste entre, por un lado, el establecimiento de razas animales como modo de poner de relieve y acrecentar el dominio de la aristocracia sobre el territorio y, por otro, el papel de las razas nativas setelandesas de cara a desafiar el dominio del hacendado. Así y todo, aquellas ferias, aquellas exhibiciones en las que los cuerpos animales se evaluaban conforme a reglas humanas y se premiaba a sus dueños... Todo eso se me antojaba un claro ejemplo de domesticación entendida como dominación humana.

Las genealogías de las razas animales, sus pedigrís, se asemejan mucho a los árboles genealógicos de la aristocracia —diseñados para demostrar su «buena sangre»—. Las mismas ideas de linaje y descendencia conformaban los primeros registros de las cuadras. Margaret Derry explica en su libro *Bred for Perfection* [Criados para la perfección] que a lo largo del siglo XIX las exhibiciones se fueron convirtiendo, para los criadores, en un modo de dar publicidad a los resultados de su labor. En ellas animaban a experimentar más con la cría —a transformar hechuras, tamaños y colores—, a arriesgarse con ejemplares concretos que parecían significativamente distintos de otros miembros de la misma especie. No obstante, aunque el número de razas reconocido iba en aumento, las estrictas reglas sobre las características permitidas dentro de cada una conllevaban una reducción de la diversidad, toda vez que se establecían recompensas para los que se ajustaran a los criterios especificados para la raza en cuestión. Y, así, si bien los animales eran los protagonistas de aquellos eventos —en los cuales eran exhibidos, fotografiados y evaluados—, por lo general se los trataba más como meros objetos que como seres sintientes.

En el contexto de las exhibiciones, a los criadores de pedigrí se los consideraba arquitectos que realizaban sus artísticos diseños modelando cuerpos según las hechuras deseadas. Pero, a medida que transcurrían los meses y yo iba pasando más tiempo con personas y ponis, empecé a pensar en el enfoque de Tim Ingold sobre las prácticas de la arquitectura. En su libro *Making* [Crear] escribió que a menudo ignoramos los procesos y los materiales que intervienen en la creación de un edificio. La creatividad se asocia a la fase del diseño, mientras que la construcción se refiere a la implementación de un plan previo. Una vez completado el diseño, se presta poca atención a cómo responde y se adapta a la vida social. Ingold nos invita, en cambio, a fijarnos en las actividades y en los materiales que participan en el proceso. De este modo, en lugar de ver a un diseñador «distante, que impone sus diseños a un mundo que está listo y esperando para recibirlos», cobramos conciencia de que lo que éste puede hacer es, como mucho, «intervenir en procesos de la realidad que ya están en marcha y que dan lugar a las formas del mundo viviente que nos rodean».

Con el transcurso de los meses, viendo a la gente aprender sobre sus nuevos potros y elegir qué yeguas juntar con qué garañones, yo misma aprendí a entender la interacción entre el diseño y la improvisación, entre la planificación y el desempeño práctico. Es en junio y julio cuando juntan a las hembras y los machos para asegurar que los potros nazcan en mayo del año siguiente. Los criadores me explicaban, cuando estaba con ellos en sus zonas de pasto estivales, por qué habían elegido esas combinaciones concretas. Había algunos ponis que repetían y que habían dado buenos potros, otras parejas tenían atributos físicos que se consideraban complementarios, o de repente les habían prestado un garañón de otra cuadra que admiraban.

Las decisiones acerca de la selección eran un tema recurrente todo el año, pues todos iban aprendiendo sobre sus nuevos potros y viendo otros en exhibiciones, y barajaban cuál vender o comprar. Aquel conocimiento formaba parte de la especializada labor de los criadores, quienes a través de su atención aprendían a ver además del ejemplar que tenían delante, a sus futuros descendientes. Del mismo modo que Ingold dice que el diseño no se puede separar de la ejecución práctica, las decisiones de la cría tampoco pueden disociarse del día a día de la vida con los ponis. El conocimiento se desarrolla a través de la práctica, por lo que los animales han de ser considerados participantes activos de las labores de cría.

## La vida social de los linajes

Las ideas sobre la pertenencia de los ponis a «tipos» asociados a cuadras eran subjetivas y difíciles de definir, ya que se habían constituido a lo largo de años e incluso generaciones de labor de cría. La importancia de la reciedumbre o de la inteligencia era algo en lo que convenían todos los criadores. Pero lo que eso quería decir para cada cual —y en qué se traducía— variaba considerablemente. El diagrama de linajes de June, que en un primer vistazo puede parecer que reproduce el marco estricto de la cría de pedigrí, en la práctica era un documento vivo en el que se fundían pasado, presente y futuro.

«Yo sé lo que estoy criando», me dijo. «Me conozco todo el linaje de Berry hasta Spangle y más atrás, mucho más atrás. Me acuerdo a la perfección de esos ponis. Y de qué potros dejaron y cómo eran».

En las frecuentes visitas que hice a June, asistí a la evolución de su relación con dos de los más jóvenes. A Sula, la quiso desde antes incluso de conocerla. Me enseñó una foto de una potra picaza que estaba a la venta afirmando que era «una de los míos».

El linaje de la potra podía seguirse hasta Urban el de Knowe, un viejo garañón de June que aún es objeto de admiración y respeto en todo el archipiélago. Pero no se trataba sólo de eso, pues eran muchos los potros cuyo pedigrí se remontaba a éste, y no por eso iba ella a querer comprarlos. Aquí el parentesco confluía con… «algo más», que trató de explicarme señalándome el porte y la expresión de la potra, sin lugar a dudas un animal de carácter… y acabó repitiendo que sabía que era «una de los míos».

No tenía tan claro, sin embargo, qué hacer con Haeva. El día que conocí a June, me la presentó destacando su fuerza y su forma de moverse, pero reconoció que andaba un poco dispersa. Por si acaso el problema era que estuviesen alborotándola sus compañeras, la trasladó a otro prado con Sula, la potra, y Toni, su yegua más vieja y sabia. Eligió una zona cerca de la casa para vigilarlas bien.

Una tarde soleada que las visité, nos sentamos fuera y me contó que Sula se había sentido como en casa desde el primer momento, como ella había previsto; que desde el principio la notaba relajada, pero también atenta y mostrando respeto hacia Toni, y que no se le estaba pegando nada de las tontunas «de ésa», añadió haciendo un gesto hacia Haeva, que lejos de haberse sosegado en su nueva ubicación, estaba aún más frenética.

«No está aprendiendo», se lamentó. «¿Es que no se da cuenta de que le conviene aprender de Toni? ¿Ésa es su personalidad? Mira…», dijo, colocando tres montones de comida en el suelo.

Sula y Toni no tardaron en elegir uno y comérselo. A Haeva, en cambio, se la veía inquieta. Cogió un poco y… fue hacia las otras. June, poniendo palabras a los pensamientos de la poni, con una voz aguda y medrosa, dijo: «¡Ay! ¿Qué tendrá ésa? Voy a ver…». Y cuando se alejó de Toni, que la había ahuyentado: «¡Ay! ¡Ay! ¿Por qué me ha dado un coz en la cara?». Y cuando, por último, se abalanzó sobre la comida de Sula: «¡Ay! ¡Ay! ¿Qué habrá aquí?».

Sula, aunque más joven, daba muestras de tener más criterio. Se dirigía al montón que no estaba ocupado o se acercaba a Toni y le preguntaba educadamente si podía comer un poco. June suspiró: «Detesto verla así...».

Cuando hubo terminado, Sula vino con June, que cogió un cepillo y la empezó a acicalar, sin dejar de hablarle en un tono bajo y suave. El cepillo le entraba bien bajo el pelaje; la yegua movía los labios.

«¿Dónde está tu hocico?», le preguntaba June riendo, y ella volvía el morro y acariciaba a su dueña. «Esto es lo que yo quiero. Un poni tranquilo que quiera pasar tiempo conmigo. Tranquilo, pero con carácter...».

Miró a Haeva apesadumbrada: «Es un animal bonito. Probaré en la colina. Quizá aprenda con una manada...».

Varios años después, cuando yo ya estaba redactando mi tesis doctoral, envié a June una parte que había escrito sobre Haeva y me contestó contándome qué había sido de ella desde entonces:

> Haeva sigue aquí y ha tenido su primer potrillo este año. He de reconocer que ha sido una madre primeriza fantástica, pero ha sido muy interesante observar que su potro ha pasado más tiempo con los otros ponis que con ella, a quien usaba de bar de leche y poco más. El potrillo se les ha pegado —como tampoco es de extrañar— a esa misma yegua picaza y vieja que les enseña a todos y a la hija negra de ésta, que es muy sabia también. No veo nada de su madre en él; parece casi un clon del resto. ¿Será cosa de los genes o de la crianza? Quién sabe... Ella, la yegua, está un poco mejor, aunque igual de tarambana que antes. El año que viene, la vendo.

La pertenencia es más social de lo que las teorías de la cría de pedigrí sugieren. Tiene múltiples estratos y se basa en un reconocimiento mutuo. Cuando la gente junta a una yegua y a un garañón, espera que las crías hereden los atributos de ambos progenitores y que perpetúen sus planes de cara a conformar un «tipo», pero buena parte de la alegría viene tanto de producir potros que pertenezcan a la cuadra como de lo desconocido. Cada cuadra tenía sus potros preferidos, los que destacaban por ser especiales, los que atraían la atención de los criadores, los que no venderían nunca. Se los quedarían y los usarían para criar cuando cumpliesen la edad debida. Sus nombres, cuerpos y personalidades contribuirían a la siguiente generación.

No era raro, como en el caso de June con Sula, que la atracción surgiese desde el primer momento, para luego crecer y reforzarse con las experiencias compartidas. A los favoritos solían compararlos con los anteriores, en esa cuadra o en la historia de las islas. A algunos se los conocía por experiencia directa; a otros, por los relatos familiares. Días de verano con los potros, tempestades invernales, manadas de las colinas...: así es como se los iba conociendo, queriendo y respetando. No se trata de humanos que eligen características arbitrarias y controlan la reproducción animal para materializar esos objetivos: es una práctica comprometida, recíproca e intrínsecamente social. El margen de opción de los ponis tiene límites, claro: las yeguas y los garañones no son libres de reproducirse a su antojo. Pero hay mucho más espacio de autonomía equina de lo que los relatos tradicionales sobre la domesticación dan a entender. La pertenencia no es algo que deciden las personas, es una práctica social comprometida en la que las identidades, humanas y equinas, surgen en relación recíproca. Donna J. Haraway, en su libro *When Species Meet* [Cuando las especies se encuentran], lo define como un «devenir con» los animales a los que amamos en el cual «las partes implicadas no preceden a la relación entre las mismas».

Por el mero hecho de prestarles atención, June descubrió la personalidad y las preferencias de cada ejemplar, y reforzó ideas sobre qué significaba que un animal fuera «uno de los míos». Esas experiencias modelan a las personas, que aprenden quiénes son a medida que comparten su tiempo con los animales. Su propia identidad como criadores se desarrolla en los encuentros cotidianos. En la cría de ponis, como en cualquier otro ámbito de la vida, nos convertimos en quienes somos gracias a los otros. Por lo general, no nos cuesta reconocer esto en nuestras relaciones humanas —con nuestros amigos, familiares o compañeros de trabajo—, pero las relaciones no humanas se consideran, con frecuencia, menos generativas.

Una fascinante serie de estudios ha mostrado recientemente algunas de las transformaciones físicas visibles que la maternidad provoca en el cerebro, reconfigurando respuestas con respecto a los estímulos y afectando a cómo estamos y quiénes somos en el mundo. Aunque se trata de un ámbito de investigación restringido —en su mayor parte centrado en mujeres que han gestado y dado a luz a sus hijos—, hay potentes indicios de que los mismos cambios se producen en madres adoptivas, lo que demostraría los efectos físicos del acto social de ser progenitor. Es evidente que la ciencia se ha interesado en la influencia del entorno con respecto a procesos vitales específicos, en este caso el embarazo y la maternidad; pero las implicaciones van mucho más allá. Si el amor y nuestras experiencias modelan los cuerpos y las mentes, entonces no cabe duda de que el resto de nuestras relaciones, las que establecemos con realidades no humanas, también inciden en quiénes somos.

La condición de criador de ponis determina muchísimos aspectos de la vida de la persona en cuestión. Para empezar, por supuesto, el arduo trabajo que conllevan las labores diarias de una cuadra; luego está el factor, ya más difuso, de la atención. Fijarse en la figura de un caballo en la colina, reconocer o preguntarse de quién es; preocuparse por qué tal están sobrellevando los ponis el tiempo que haga ese día; el sentimiento de conexión con la historia —mirarlos pacer en lugares en los que llevan viviendo durante generaciones— o la alegría llevarlos a donde pastaban los de tus abuelos... Esa atención propia de la práctica de la cría conforma relaciones complejas con el territorio de las Shetland, haciendo que el hogar vaya más allá de casas y jardines para incluir paisajes y todo tipo de seres vivos. Esa identidad está siempre en proceso, no es definitiva nunca. Las personas se convierten en quienes son, devienen quienes son, con los animales y los paisajes que aman.

**El jardín**

Una mañana que estaba tendiendo la ropa, Ina me dijo que Yoda solía ir detrás de ella cuando salía a dar un paseo por el promontorio y que lo veía interesado en las ovejas. Me contó que a veces la miraba a ella y luego al rebaño, como si le costara decidir a quién acompañar. En un par de ocasiones le pareció que se había sumado a ellas, y confirmó, con los prismáticos, que así era. Me dio una gran alegría, porque Yoda me preocupaba. Cada vez que trataba de juntarlo con las otras, se repetía aquello de que se les acercaba corriendo y lo rechazaban con un topetazo. Incluso había visto que él hacía ademán de devolvérselo, bajando su cabeza diminuta en un acto de bravura o de desplante. Y hasta intentaba montar a las hembras, agarrándolas con las patas delanteras —por supuesto, las estupefactas destinatarias de sus iniciativas huían—. Como lo habían castrado al poco de nacer, pregunté a Lowrie por su comportamiento. Me dijo que era algo normal, los corderos solían hacer eso entre ellos y Yoda, al no tener amigos de su edad, pues lo hacía con las ovejas. A mí se me partía el corazón viendo a aquel corderillo solitario que, por un lado, quería interactuar con sus congéneres sin éxito, y por otro, parecía no advertir —o, en cualquier caso, no correspondía con— los gestos de amistad de ellos.

Si estamos en continua evolución, transformándonos con el proceso interminable de la vida, ¿conseguiría Yoda convertirse en una oveja? ¿Aumentarían, poco a poco, los instintos que le atraían hacia las veredas ovinas? ¿O se quedaría en tierra de nadie, ajeno al mundo ovino pero sin hallar tampoco un sitio definitivo entre los humanos? Pensé en mi propio devenir. Desde que me mudé a las Shetland, yo misma era diferente. Más que cambiar de manera abrupta, se había producido en mí un desplazamiento de foco, una especie de recolocación. Eran tantas las cosas de la vida de la isla que me resultaban naturales —la atención al tiempo, la presencia de la historia y los entramados comunitarios— que habituarme a ellas se asemejaba más a recordar que a aprender desde cero. El dialecto, en concreto, se abría paso por mis pensamientos. La ligera cortina de la lluvia lejana era ahora, para mí, un *smir*; un potrillo que brincaba y alzaba los cascos traseros al aire estaba en plan *fliskit*; y si yo hacía un movimiento brusco que asustaba a las focas, el verbo que empleaba para describirlo era *ta gluff*. Las palabras del sur que conocía no capturaban la esencia de esos fenómenos, pero tampoco tenía muy claro mi derecho a usar el dialecto local… En su día, el archipiélago tuvo su propia lengua diferenciada: el nórnico o norn, derivado del antiguo nórdico. Más tarde, con los arquitectos del colonialismo escocés, llegó, como al resto del mundo, el empeño por suprimir el idioma local y castigar a quienes lo utilizaran. De aquella lengua nórnica que desapareció casi por completo persiste un dialecto isleño. A mí me preocupaba que si yo, siendo de Escocia, empleaba su vocabulario, lo percibieran como una apropiación improcedente, sin sustancia…

Pocas verduras habían aflorado de mi huerta, a pesar de que las patatas y las zanahorias de mis vecinos crecían a ojos vistas, y algunos hasta habían cosechado ya. Yo había librado una batalla encarnizada contra la lluvia, cavando y ahondando las acequias cada vez que la tierra se veía anegada. Sin embargo, aunque lograba desaguar, el suelo no se secaba. Robbie me aconsejó que sacara las patatas pronto, pues anunciaban más lluvia. Probé a cavar en torno a las pequeñas matas de hojas verdes y asomarme a ver qué había. Debajo encontré unas canijas patatuelas del tamaño de canicas, verdes e incomibles. Removí el fango por si había algo más allí, en vano. Tiré de las zanahorias. Eran finas como lápices y más amarillas que naranjas. Me pareció que los penachos de la superficie estaban demasiado pegados; debería haberlas espaciado un poco más. Me embargó una sensación de profundo abatimiento: después de todos mis esfuerzos, seguía sin tener nada que ofrecer a mis vecinos, sin producir algo que pudiese compartir con todos aquellos que tan amables habían sido conmigo... Y necesitaba hacerlo de verdad.

Las náuseas del embarazo, que iban a más haciendo que todo me resultara más penoso, limitaron mi vida social. Se trataba, en parte, de una cuestión física: después de un largo día de trabajo de campo, mi agotamiento era tal que la idea de ir al club social o reunirme con los vecinos en el *pub* se me antojaba un exceso. Me consolaba pensando que dedicaría esa noche a descansar y que la siguiente me animaría, pero cada día traía más cansancio. Confiaba en que las náuseas no tardarían en remitir. Me estaba acercando a las doce semanas, el momento de compartir la noticia...

## Las exhibiciones

El día de la exhibición de Walls fue gris, con nubes bajas enganchadas a las cumbres de las colinas y tanta humedad que parecía que se hubiese instalado una llovizna perpetua. Lo primero que pensé al ver el recinto ferial fue que resultaba bastante decepcionante. El amplio prado estaba dividido en dos picaderos para los ponis; en torno a ellos, en unas cercas metálicas colocadas para la ocasión, los animales esperaban su turno. A la izquierda se encontraban los corrales de las ovejas, algunos decorados con escarapelas de vivos colores, lo que indicaba que las evaluaciones habían comenzado. Hombres vestidos con monos de faena, botas de agua y gorras de lana iban de un lado para otro, hablando entre sí en voz baja y haciendo anotaciones en los programas de la exhibición. A pesar de lo temprano de la hora y del mal tiempo, una larga fila —rebosante de impermeables— hacía cola ante Mr Stripey, la única camioneta de helados de las Shetland. Los balidos, los relinchos y los ruidos de cascos chocando con el metal se mezclaban con los sonidos de la megafonía, que atronaba con «Fade to Black», de Metallica.

Me reuní con Jackie y me dispuse a preparar a los ponis. Las primeras categorías eran monta con niños y guía con ronzal. Una niña, con pantalones y chaqueta de equitación, cabalgaba un pequeño poni gris en el picadero. La siguiente vez que miré, estaban parados. El animal dormitaba con el labio inferior acariciando la hierba. La amazona, en cambio, conversaba animadísima, sosteniendo la escarapela que había ganado.

Las cercas eran un hervidero de actividad: cada cual cepillaba a sus ponis, retirando cualquier rastro de barro o el menor pelo suelto, rociándolos después con espray abrillantador y aplicándoles grasa en los cascos. Sonreí cuando vi a Bjørn —que también era peluquero— sacar del bolsillo trasero un peine y usarlo para acicalar a uno de los suyos. Estaba inmersa en una carrera contrarreloj y, entre que tenía que andar agachándome, el olor a suavizante y los nervios, las náuseas me agarraron con más fuerza que nunca… Mientras acicalaba a Ellen, Midnight —que era la que saldría la primera y estaba lista— hizo caca y la pisó antes de que pudiera recogerla. Todavía estaba frotándole como loca las patas y la cola con un trapo húmedo cuando Jackie me prendió un número en la manga con un imperdible y me dijo que me tocaba.

La gente entraba al picadero con su poni sujeto por el ronzal y describía un lento círculo alrededor de la jueza, plantada en el medio. Yo recordaba con pavor que, apenas unas semanas antes, Midnight dio un tirón y se me escapó. Fue todo un alivio que se pusiera a caminar como es debido, con las orejas tiesas; relajada, pero atenta. Cuando se nos pidió que trotáramos, dio un ligero tirón y, por suerte, acto seguido cogió un ritmo cómodo. Luego todos los participantes se quedaron juntos en una línea hasta que la jueza los llamó para examinar cómo caminaban al paso y al trote por el centro del picadero. Aunque me costó un poco lograr que Midnight se estuviese quieta, al final lo hizo, y al acabar pensé que había salido bastante bien para ser mi primera vez.

El ritmo de la exhibición era vertiginoso: cada categoría empezaba nada más terminar la anterior. No me quedaba un segundo de respiro… Los ponis de Jackie obtuvieron varias escarapelas, pero la estrella fue Tawney, que ganó una categoría tras otra. Solamente la superó, en la competición final, el precioso garañón de Bjørn. Me sentí orgullosísima de aquel animal que había caminado por el picadero con interés y alerta, y que ahora estaba entusiasmado masticando una de las múltiples escarapelas que ornaban su lugar en el cercado.

Cuando finalizaron las exhibiciones de ponis, me di una vuelta por la feria. La fila de la camioneta de helados, que ahora incluía a varios hombres vestidos de vikingos que supuse serían de alguna comparsa de las fiestas del fuego Up Helly Aa, era todavía más larga. Había grandes carpas con puestos de productos locales, rifas, concursos para los niños y —cosa bastante bizarra— una vaca de plástico a tamaño real con ubres que podían ordeñarse. Me sorprendió la multitud de personas que se había congregado allí. Sólo dos de las ferias agropecuarias del verano, la Exhibición Vikinga del Poni de las Shetland y la Exhibición de Cunningsburgh, aceptan participantes de todo el archipiélago. En el resto, las inscripciones se limitaban a la zona en la que se celebraban. Aquí, por el contrario, había acudido gente de todos los rincones de las islas para ver a los ponis de las otras cuadras. La neblinosa luz solar se abrió paso entre las nubes incrementando aún más el ambiente festivo; amigos y vecinos paseaban y charlaban. Se escuchaban historias por doquier: cómo compré a fulano mi poni favorito, las trastadas de no sé qué potrillo, que vaya tiempo, ganas de la nueva temporada…

El resto de las muestras fueron similares: madrugones y trabajo duro. Por suerte, conseguí exhibir todos los ponis de Jackie, y, aunque carecía de las destrezas de otros con más experiencia con el ronzal, hice un trabajo decente. Ya de la Exhibición Vikinga —la última feria de la temporada—, me sentí aliviada de que todo hubiera terminado. Como aún faltaba un rato hasta la hora del ferri, fui a dar un paseo por la costa para disfrutar de la tranquilidad tras una semana de tanto jaleo. Contemplé un *broch* que se alzaba sus buenos doce metros, dominando el paisaje de la diminuta isla de Mousa. La torre aparece en varias sagas vikingas como refugio de amantes fugitivos y como plaza sitiada en 1153, año en que el conde Harald Maddadsson la atacó para rescatar a su madre, que estaba allí cautiva. Aunque desde la distancia no alcanzaba a divisarlos, esa torre es el hogar de miles de paíños europeos. Esos pequeños pájaros, parientes lejanos del albatros, regresan cada año a criar a esas antiguas murallas.

Continué caminando hasta los restos de otro *broch*. Aquellos muros circulares, que ahora apenas levantaban un metro del suelo, en su momento serían tan altos como los de la isla de enfrente. Como en las Shetland había pocos sitios de los que extraer piedra de calidad, era frecuente desmantelar construcciones preexistentes para reutilizar su piedra. Junto a las ruinas del *broch* había restos de varios *crofts*. A mediados del siglo XIX vivían allí cuarenta y tres personas, una próspera comunidad, hasta que diversas coyunturas económicas y los desplazamientos forzosos de las llamadas Highland Clearances les obligaron a emigrar. Alrededor de los muros cubiertos de liquen pacían ovejas y, en el alféizar de una ventana, un polluelo de fulmar me observaba desde la seguridad de su nido.

Me senté entre aquellas viejas piedras con siglos de vida que seguían brindando cobijo a aves silvestres y ovejas domésticas. De repente, el cansancio que había acumulado con el trajín de los días previos hizo presa de mí. Me dolían las extremidades y la espalda, y estaba tan hecha polvo que tuve que luchar contra las ganas de dormirme. A pesar de que estaba exhausta, me sentía orgullosa: sabía que había exhibido a los ponis de Jackie bien... Varios criadores me confirmaron que había hecho un buen trabajo, y algunos incluso me pidieron que les echara un cable con sus propios ponis. Cuando acabó la última exhibición, Jackie comentó la posibilidad de que la ayudara el año siguiente y dijo que hasta podría encargarme de exhibir a algunos de los más difíciles de manejar. Y de verdad era genial no haber cometido ningún error, haber cumplido con lo que esperaban de mí; pero no era sólo eso. Al fin había sentido que formaba parte de la vida isleña, que sabía lo que hacía y que era útil. Aunque en otros aspectos no estuviese consiguiendo encajar igual de bien, allí, con los ponis, me encontraba cómoda, como si perteneciera a todo aquello. Conduje hacia el ferri con un entusiasmo renovado, pensando en el tiempo de trabajo de campo que me quedaba. Desde luego, estaba ganando como antropóloga... y como solvente ayudante en las cuadras. La luz dorada iluminaba la terminal. Miré la hora: las nueve de la noche pasadas, demasiado temprano para el atardecer... Claro, la estación estaba cambiando otra vez. El verano llegaba a su fin.

# 7
# HOSPITAL

Estaba tumbada en la camilla mientras me echaban una gelatina fría en la barriga. La sala estaba oscura y mi cuerpo tenso, pues me hallaba a la espera de ver a mi bebé por primera vez. Lo había visualizado mentalmente —era una imagen familiar por publicaciones de amigos en Facebook— y estaba impaciente por llevarme a casa su foto. La matrona, sin decir palabra, presionaba con fuerza el dispositivo de ultrasonido. Aunque con el alma en vilo, intentaba conservar la calma, pero, como el silencio se prolongaba, no pude contenerme:

—Haga el favor de decirme qué ocurre.

Tenía la esperanza de que no me contestara lo que parecía inevitable...

—¿De cuántas semanas crees que estás? —me preguntó ella.

—De trece —contesté—. ¿Hay un bebé? ¿Se oye el latido?

La mujer frunció el ceño sin quitar la vista de la pantalla y dijo:

—Puedo ver algo...

Entonces supe que mi embarazo había terminado.

Una ecografía transvaginal me confirmó que el bebé había muerto hacía algún tiempo. Mi cuerpo no se había dado cuenta.

—¿Queréis que os deje solos un rato?

Mi marido, pálido, asintió.

Me deslicé de la cama y me acurruqué en el suelo, con la cabeza en el regazo de Steve. No hubo lágrimas. Todo se había interrumpido. ¿Para qué? No sabría decir cuánto rato pasamos sentados en silencio. Sabía que tenía que dejar libre la sala, pero fuera estaban esperando su turno otras mujeres —para ver a sus bebés— y yo no soportaba la idea de pasar junto a ellas. La matrona volvió con unos folletos para explicarnos nuestras opciones. Me dijo que había que hacer otra ecografía para confirmar algunos detalles, por lo que tenía que volver por la tarde. Yo no tenía ni idea de que aquello no era el procedimiento estándar.

En cuanto se cerró la puerta del coche se desbordaron las lágrimas. Me sentía atrapada. Lo único que quería era irme a casa y meterme en la cama, pero tenía que quedarme allí, en la isla principal del archipiélago, para que me hiciesen la otra prueba. Steve propuso que fuéramos con el coche a St. Ninian. Yo me negué: habíamos planeado ir para celebrar que habíamos visto a nuestro bebé por primera vez, y ese sueño se había esfumado… Tampoco podíamos quedarnos aparcados en el hospital, a algún sitio teníamos que ir. Conque finalmente para allá fuimos. Me quedé sentada contemplando la alargada franja de arena dorada que conecta la isla de St. Ninian con Mainland. Aquel lugar albergaba magia y misterio: los restos de antiguas capillas hablaban de siglos de culto. En la década de 1950, un colegial descubrió una caja de madera que contenía multitud de piezas de orfebrería de los pictos y la quijada de una marsopa. Allí el pasado se sentía más cerca, como si aún existiera. Nunca se sabía que podían deparar las sendas que serpenteaban entre madrigueras de conejos de la isla…

Ese día no fui capaz de salir del coche. Las olas rompían en la orilla y las nubes se movían a toda prisa por el cielo, iluminando a las familias que jugaban en la arena para a continuación sumergirlas en la sombra. Aquel mundo se me antojaba, de repente, pequeño y lejano, como si una membrana invisible me separara de él. No era capaz de encontrar sentido a lo que había ocurrido. Saber que dentro de mí había un bebé muerto me resultaba insoportable. Me había pasado preocupada todo el embarazo, pero mi cuerpo parecía decirme que todo estaba bien. Cada semana, los síntomas de mi preñez habían ido en aumento, confirmándome que por supuesto que había un bebé. ¿Qué otra explicación había? Me lo repetía en voz alta, de forma desesperada y absurda. Ese día tendría que haber sido distinto. Deberíamos estar en la playa, explorando y celebrando el potencial de una vida nueva, y no llorando la muerte de lo que nunca fue. El sol se fue acercando despacio al horizonte y la luz empezó a desvanecerse. Y llegó el momento de volver a la maternidad.

Volví a tumbarme en la camilla. Otra ecografía transvaginal. Esta vez más incómoda, más insistente. Una segunda matrona me explicaba con amabilidad que tardaría un poco, pero que tenían que examinarme bien. Una parte de mí albergaba la esperanza de que hubiese un error, de que al final sí escucharan un latido. Aunque supiera que no iba a ser así, no conseguía renunciar a aquella estúpida ilusión. Las dos matronas miraban la pantalla. El silencio de la habitación se interrumpía, de tanto en tanto, con el sonido —que me ponía enferma— de las fotos que tomaban dentro de mí. Estaba aterrorizada, desesperada por que parasen de mirar, por que parasen de fotografiarlo. Quería escapar, salir corriendo y no regresar jamás, pero sabía que cualquier movimiento o queja alargaría y complicaría el procedimiento. De modo que me estuve quieta y aguardé.

Lo cierto es que no esperaba más malas noticias y no estaba en absoluto preparada cuando me comunicaron que había complicaciones. Intenté concentrarme en sus palabras: que probablemente hubiese habido un embarazo molar parcial en el que dos espermatozoides habían fecundado, ambos, un mismo óvulo, resultando un feto que en ningún caso era compatible con la vida... pero que, en cambio, podría terminar provocando un cáncer. Tenían que llevarme en avión a Aberdeen para que me operasen de urgencia, asegurándose así de que no quedaran restos. Luego me harían un seguimiento —un año— para descartar indicios de procesos cancerígenos. Cuando me dijeron que, en esa época de monitorización, se desaconsejaba quedarse embarazada, mi desesperación era ya absoluta...

Mi semana en Aberdeen fue la más difícil de mi vida. Una serie de errores y malentendidos hicieron necesarias, desde el punto de vista médico, varias ecografías más, todas y cada una un doloroso y traumático recordatorio de que aquello continuaba ahí. Su presencia me ponía enferma. Quería que me lo sacaran, pero la cirugía se postergaba una y otra vez. Steve y yo estábamos solos en una habitación recibiendo diferentes diagnósticos, perdidos por completo. Finalmente me sometieron a la intervención, a la que llegué grogui, bañada en lágrimas y dolorida. Aun así, he de reconocer que me encontraba un poco mejor, un paso más cerca de la recuperación...

En el poco tiempo que nos quedaba antes del vuelo dimos un paseo por la zona en la que habíamos vivido y por el parque en el que habíamos quedado varias veces cuando empezamos a salir. El ambiente era otoñal. Al verde dominante de los árboles se añadían tonos rojos y amarillos, y en el aire sereno un hálito presagiaba la escarcha. Conocía bien esas calles, pues había vivido en Aberdeen siete años, mucho más de lo que llevaba en las islas. Sin embargo, paseando por allí, me notaba desubicada. Los edificios grises, todos iguales, me resultaban fríos, distantes. Qué diferencia con las casas de las Shetland, con sus propias personalidades... Los árboles y los bloques de viviendas ocultaban casi por completo el cielo; un cielo lejano —abstracto en cierto modo— comparado con los siempre cambiantes de nuestro nuevo hogar, tan vivos e íntimos. El ruido y el olor del tráfico me turbaban, y los rostros con los que me cruzaba eran inexpresivos, no sonreían. Deseaba con todas mis fuerzas volver a casa...

El viaje de regreso fue hermoso. Por encima nos escoltaban unas blancas nubecillas algodonosas. Debajo, sobre el fondo azul del mar, se acumulaban más nubes, difuminando la diferenciación entre arriba y abajo, mar y cielo. Después, cuando el avión emprendió el descenso, distinguí con claridad las blancas crestas de las olas. Al poco, divisé otras formas familiares: los acantilados del cabo Sumburgh Head y la verde extensión sin árboles del sur de Mainland. En cuanto aterrizamos, los pasajeros bajaron a la pista con la cabeza gacha y corrieron hacia la terminal para escapar del viento. Yo, por el contrario, me quedé parada un instante: era una conexión viva entre el mar y el cielo. Respiré hondo y los seguí, aliviada de saberme en casa.

Aunque las imágenes y los sonidos de las Shetland me tranquilizaron, continuaba algo inquieta. No quería volver al frío anonimato de Aberdeen, pero, por primera vez, la isla de Whalsay se me antojó claustrofóbica. La cercanía de mis vecinos y aquella cultura en la que era fundamental interesarse por las vidas de los demás me había parecido, hasta entonces, bonita, reconfortante y cálida. Pero ahora lo único que quería era que me dejaran sola. Yo no le había contado a nadie el motivo de mi estancia en el hospital. A pesar de saber que los abortos espontáneos eran normales y que casi nunca —o nunca— dependían de lo que la madre hiciese, no me quitaba de encima la vergüenza y la culpabilidad. No quería que se enteraran. Echando la vista atrás, creo que hubiera sido mejor decirlo. Todos me habrían apoyado, me habrían demostrado su cariño, y quizá fuera eso lo que me habría venido bien. Para colmo, ocultar la verdad conllevaba una agobiante necesidad de fingir que no me ocurría nada cada vez que veía a alguien. Al final, la presión autoimpuesta me obligó a evitar a la gente. Salía de casa a hurtadillas y paseaba con miedo de toparme con algún vecino. Si eso sucedía, me apresuraba a seguir mi camino tras intercambiar las mínimas palabras.

Era fuera donde deseaba estar, donde me curaría y encontraría sentido a las cosas. Lo primero que hice a mi regreso fue caminar hasta el promontorio para notar la presencia acogedora del viento y del mar. Los recuerdos me llenaron los ojos de lágrimas: la compañía de las ballenas y las marsopas, las tempestades, los atardeceres y los arcoíris. Me había entusiasmado tanto la idea de mostrarle a aquel mundo hermoso una nueva vida... Pero ahora me sentía vacía. Aun con su belleza, todo se me antojaba remoto y, de alguna forma, distante. Lo veía, pero no me calaba dentro. De pronto, Yoda apareció corriendo a toda velocidad hacia mí, balando con insistencia. Me agaché, anhelando un abrazo. Por desgracia, había abandonado ese hábito cuando cumplió una semana... Con los ojos desorbitados, me golpeaba con las patas para que le diera las bolas de pienso que sabía que llevaba en el bolsillo. Le acaricié el suave vellocino mientras se lo comía. Él me acarició con su hocico la pierna y anduvo un rato detrás de mí, pero luego regresó con el rebaño. Sonriendo entre las lágrimas, me pregunté si la separación le habría ayudado a ser más oveja...

Salía a pasear a diario. Mi cabeza era un hervidero de preguntas, esperanzas y preocupaciones. ¿Conseguiría quedarme embarazada de nuevo? ¿Cuándo me dirían los médicos si podía volver a intentarlo? ¿Y si acababa igual? Era como si mis recuerdos del verano se hubiesen echado a perder. Todo ese tiempo creyendo que dentro de mí crecía vida, un diminuto compañero invisible... y resulta que aquel embarazo no había generado un bebé vivo ni podría haberlo hecho. Me ponía enferma pensar cuánto había hablado, cuánto había amado... a algo que no había existido nunca. Mi cuerpo me había mentido. Lo odiaba, estaba enfadada, resentida por los signos de preñez que aún mostraba. Caminaba cabizbaja, ajena al exterior. Mareada, me senté en una roca, y repare en que, al contener las lágrimas, estaba conteniendo también la respiración... Cobré conciencia de mis puños apretados, de la tensión en la mandíbula. Intenté relajarme mirando el mar y el cielo, tratando de centrarme en el presente, pero, apenas hube inspirado hondo, sonó el teléfono. Un número de Aberdeen. Me dio un vuelco el corazón: era del hospital. Me llamaban con frecuencia para comunicarme resultados de pruebas, pedirme muestras de sangre y orina o hacerme preguntas indiscretas, aunque me daban pocas respuestas. Cada una de esas arduas conversaciones era para mí como volver a aquel día, el principio del miedo y el nerviosismo. Era imposible escapar...

Despacio —siempre lo hace así—, el mundo empezó a insinuarse otra vez en mi conciencia. El canto de un ostrero, el atisbo de una nutria, las ovejas caminando en formación hacia la playa... me distraían de mis pensamientos. Sin embargo, fue el viento el que de verdad me curó. Una tarde —pocas semanas después de regresar a casa—, arreció de tal manera que las ovejas se refugiaron bajo los taludes de turba, alertándome de la inminencia de la tempestad. Desde la cama escuché la lluvia golpear las ventanas y el sordo aullido del aire. Al alba fui andando al promontorio, bregando contra la fuerza del vendaval. Un techo de nubes bajas, sin final visible y en movimiento constante, atrapaba la luz bajo su velo. El paisaje empapado resplandecía, iluminado por una luz grisácea como de otro planeta. Las olas de un mar turquesa iban cobrando cuerpo a medida que se acercaban a la costa y sus blancas cumbres de espuma dejaban tras de sí una confusa neblina al batirse en retirada. Las gaviotas, sacudidas y desviadas de su rumbo por las ráfagas de viento, buscaban su oportunidad, acallados sus gritos por el rugido incesante del mar.

El viento frenético, disperso y cabreado era un fiel reflejo de mi humor. Aun así, sentía su influencia tranquilizadora. De pronto, estaba presente en un paisaje del que había estado ausente semanas —incluso meses—; comprendí que, durante buena parte de mi embarazo, me había ido replegando hacia dentro, absorta en mi propio cuerpo y torturada por la ansiedad. Estaba reencontrándome con los elementos —ese recordatorio de la belleza, el dolor y la continuidad de la vida—, cuando un movimiento atrajo mi mirada. Era una diminuta silueta oscilante. Me eché de inmediato al suelo y, con cuidado, me acerqué. Se trataba de un reyezuelo al que había arrastrado la tempestad. Se acercaba a saltitos hacia mí. Y detrás de él venía otro. Y otro. Seis en total. Alguno se paraba, de tanto en tanto, para picotear algo. Después seguían avanzando en grupo sin dejar de llamarse... Allí, tumbada en la tierra mojada, el tiempo se detuvo. El dorado y el rojo de sus cabezas eran los colores más vivos del paisaje y su canto se oía, por algún motivo, más alto que el estruendo que nos rodeaba. Se movían en mi dirección... Los pájaros, bellísimos y delicados, se me acercaron tanto que podría haberlos tocado. E igual de rápido que habían llegado, desaparecieron tras la cresta de un montículo. Así y todo, su agudo cántico flotaba en el aire... Seguí quieta un buen rato después de que se fueran. Aquel momento parecía tan irreal... Me había liberado de un peso. Aunque las circunstancias eran, en rigor, las mismas que la víspera, todo se me antojaba ya diferente.

Esa clase de encuentros me hacían preguntarme por el mundo y por nuestras relaciones con él, por cómo nos cambian poco a poco —o de golpe— las cosas que percibimos. También en la ciudad, con cierta frecuencia, la naturaleza había intervenido cuando más agobiada estaba: un ciervo y un cervatillo que pacían bajo un puente ferroviario ajenos a quienes pasaban por encima de ellos, un zorro que me acompañaba a casa —inesperado, pero bienvenido— o el reluciente esplendor de una mariposa sobre las flores que crecían en muros cubiertos de hollín... Destellos que transformaban mi pensamiento, poniéndome de nuevo ante los ojos el universo y sus posibilidades, obligándome a mirar hacia fuera. Esos momentos, y tantos otros, se entretejían en mis experiencias y recuerdos, eran parte de mi historia. Asimismo, eran parte del día a día y, a menudo, seres a los que nadie prestaba atención en la ciudad. Los ciervos, los zorros, las mariposas y las flores no eran tan raros como para que verlos supusiera un acontecimiento. Así y todo, en cada una de aquellas ocasiones sentí algo cualitativamente distinto, una suerte de comunicación: el mundo me estaba mostrando lo que yo necesitaba, me estaba recordando su presencia, los vínculos entre las cosas.

### La subasta

La subasta de ponis de Lerwick se celebró poco después de que me dieran el alta en el hospital, es decir, cuando ni mi cabeza ni mi cuerpo estaban aún listos. Me sentía débil y mal preparada. De hecho, ya antes del aborto veía con aprensión la inminencia de aquel evento... Aunque representaba una oportunidad para que los compradores conocieran la variedad y la calidad de los ponis setelandeses, también podía ocurrir que se vendiesen a precios bajos o que les aguardaran futuros inciertos. En las historias que contaban de las subastas había, en efecto, siniestros «carniceros»: particulares y empresas que adquirían los animales que nadie quería para venderlos como comida para mascotas en mercados internacionales...

La subasta anual de Lerwick se lleva celebrando desde 1959. Los precios han variado mucho, en función de la evolución de la popularidad de la raza equina autóctona. En las últimas décadas, se han mantenido bajos. En los meses previos, cuando los criadores se sentaban con sus potros —con la siguiente generación de sus cuadras—, en el aire flotaba el espectro de la incertidumbre y la pérdida, el riesgo de afrontar un triste adiós. Pero si no se vendían —o se vendían por debajo de su valor— surgían dudas sobre el futuro de la raza. Ya estaban reduciendo cada año el número de ponis, intentando encontrar un equilibrio entre criar el tipo que amaban y el que mayores oportunidades tuviera de acabar en un buen hogar. Las esperanzas, la historia, la responsabilidad para con las vidas de los animales, y las respuestas a las exigencias del mercado, pesaban sobre las decisiones cotidianas, como la celebración de aquella subasta anual dejaba claro.

Entré en el café del mercado. La temperatura era agradable y la gente conversaba alrededor de unas mesas con manteles de cuadros. En el aire flotaban los olores de los desayunos. Los recién llegados saludaban a sus conocidos con un gesto, con una sonrisa o intercambiando unas palabras, tras lo cual atravesaban la puerta que había al fondo del local. Cada vez que ésta se abría, al murmullo de las voces se sumaban sonidos de choques metálicos y agudos relinchos. Con un té tibio en una taza de espuma de poliestireno en una mano y el programa de la subasta en la otra, también yo fui a ver a los ponis.

Antes de entrar en el picadero, éstos esperaban en un gran recinto de hormigón. El espacio estaba dividido mediante unas vallas metálicas que dejaban pasillos entre ellas para que los visitantes pudieran examinarlos. Los había de todas las edades, tamaños y colores, cada uno con un distintivo en el que figuraba su número de lote. Bajo el ruido de la lluvia torrencial que rebotaba en la cubierta ondulada, me agaché para hablar con dos potros de aire tímido. Uno se atrevió a olisquearme la mano, tras lo cual reculó hasta un rincón. Al comprobar sus números en el catálogo, me quedé descolocada al darme cuenta de que ya los conocía. Los había visto varias veces dando brincos y jugando bajo el sol estival, y no los había reconocido… Parecían tan pequeños…

Recorrí el recinto ignorando intencionadamente a Inga, pero al final no me quedó otra que saludarla. Alzó la cabeza y me frotó el hocico con la mano a modo de saludo. La había conocido a comienzos de la primavera, en la cuadra Gue, y la conexión fue instantánea. De tamaño medio, color gris y con una cara preciosa, se la veía tan sabia y delicada… Y de repente se acercó a mí y me acarició la pierna con la cabeza.

«Mendigando comida, ¿eh?», le dijo Carole con una sonrisa. A mí me dijo que era un ejemplar maravilloso del tipo de poni setelandés de toda la vida, perfecto para los niños.

Al poco de enterarme de que estaba embarazada, me la encontré en el catálogo de la subasta. Tenía que ser cosa del destino. Entonces calculé que la subasta no sería mucho después de la ecografía de las doce semanas, y planeé comprarla para mi bebé nonato. Al verla me abrumó un sentimiento súbito de pérdida y, haciendo por contener las lágrimas, me alejé en un esfuerzo de mantenerme apegada al presente centrándome en los detalles.

Aquel sitio era una auténtica locura. Los criadores se afanaban en dejar listos a los animales para salir al picadero. El ambiente era distinto y a la vez similar al de las exhibiciones del verano. Había menos sonrisas, las conversaciones eran breves y tensas, y los frecuentes estallidos de estruendosas carcajadas tan característicos en los eventos del mundo equino brillaban por su ausencia, así como los gestos que yo apreciaba en los dueños: una palabra susurrada, una caricia detrás de las orejas y, a veces, un abrazo o un beso. Los breves instantes de cariño entre el poni y el humano eran una de mis cosas preferidas de la vida en las Shetland. Pasaba bastante tiempo con dueños de *crofts*, personas prácticas que tal vez parecieran frías, pero esos momentos mostraban el amor y el respeto profundos que les inspiraban sus animales.

Un amor que se trasluce asimismo en las acciones de los ponis. Me acordé de un día de primavera en que un criador me explicó, en un plan serio, profesional, las prácticas de cuidado correctas. Era evidente que le importaba muchísimo que yo asimilara y recordase lo que me exponía, pues sabía que mi trabajo sería un escaparate al mundo de las Shetland. Él hablaba y hablaba y a su alrededor se iban congregando cada vez más ponis, que al principio trató de ignorar para seguir con su discurso... Enseguida resultó obvio que ellos, que acabaron literalmente restregándose contra él, no estaban acostumbrados a aquella frialdad. Él, entusiasmado, me contó más historias, dándoles palmaditas distraídas con la mano... El recuerdo de ese amor me sacó una sonrisa, que no tardó en reemplazar la pena. El significado que esos momentos de intimidad tenían allí, en la subasta, era bien diferente: cada cual se despedía, a su manera, de un animal que le importaba... y del que quizá no volviera a tener noticias nunca.

Me sorprendió la cantidad de asientos libres de la sala de la subasta. Reconocí a la mayoría de los asistentes: criadores que habían traído a sus ponis. Mary, de Burland Croft, que estaba de pie junto al picadero, me dijo con tristeza: «Esto no es nada comparado con las de antaño... En su día era un acontecimiento social, todo el mundo venía a por su poni de las Shetland. Ahora...». No encontró calificativo para aquel recinto semivacío.

Pero, aunque el público era escaso, sí que hubo muchas pujas. Y, escuchando las conversaciones, supe que algunos de los agraciados irían a parar a nuevos hogares a cientos de kilómetros. La reciente introducción de i-bidder.com, que permite a potenciales compradores mirar y pujar desde cualquier lugar del planeta, incrementaba el optimismo sobre el futuro de la subasta.

Las palabras del subastador me resultaban en general incomprensibles: una cantarina cadencia de números, ajustes al alza o a la baja, respuestas a ciertas señales del público que yo era incapaz de ver. Después de un rato entendí que un sutil movimiento del catálogo o una leve inclinación de cabeza bastaban para que aquel ojo experto entendiera que se trataba de una oferta. Si las pujas no alcanzaban el precio de reserva, el subastador miraba al dueño, al que le tocaba decidir si vendía por menos o no. Vislumbré los ojos anegados en lágrimas de varios criadores guiando a sus ponis por el picadero, sin saber quién estaba apostando o cuál sería el nuevo hogar de su compañero...

## Una excursión en barco

Una tarde —pocos días después de la subasta—, nuestro vecino James nos invitó, a Steve y a mí, a salir a pescar con él. A los pocos minutos de aceptar entusiasmada empecé a preguntarme si me habría equivocado. Aunque iba asumiendo poco a poco la pérdida, mis sentimientos eran complicados de prever y cualquier cosa podía dar lugar a un llanto súbito e irrefrenable. En un barco no había donde esconderse. Debería haber rechazado la oferta...

La embarcación se deslizaba por un mar de terciopelo. La quietud del día y el *collage* del cielo se reflejaban en los distintos tonos de azul plateado del agua—más oscuros según las zonas—, que apenas se movía. Cuando volvía la mirada hacia el sitio que había sido mi hogar los últimos nueve meses, no podía sino asombrarme de aquel puñado de casas entre el mar y la colina de turba. Más que solitario o desamparado, era un refugio en un lugar portentoso. Me imaginé cómo habría sido tiempo atrás: antes de que hubiese carreteras y ferris, esas localidades habían de producir cuanto necesitaran. Pero ni siquiera entonces llegaron a estar aisladas. Como en cualquier otro punto de las Shetland, el comercio y las expediciones marítimas conectaban a las personas y sus entornos con mundos lejanos.

A medida que nos alejábamos de la isla principal, dejamos atrás varias más pequeñas, cada una con su propia historia: relatos de inesperadas y peligrosas piedras lanzadas a través de un agujero del suelo, leyendas de cuerpos enterrados de orígenes desconocidos y las recias ovejas capaces de sobrevivir sin fuente conocida de agua dulce. Nos aproximamos a una isla de abruptos contornos puntiagudos y grises —como de pizarra—, con áreas de color rosa fusco o verde donde crecía musgo y liquen. Los cormoranes, encaramados en los peñascos, nos observaban, y en el aire había un ligero olor a guano. El suave golpeteo de las olas contra el acantilado sonaba distinto, borboteante, resonando y chapoteando en una honda y oscura cueva a un lado del peñón. Desde fuera vimos que era amplia y alargada.

«Atraviesa la isla de parte a parte», nos dijo James. «¡Allá vamos!», exclamó acto seguido en plan intrépido. Ante nuestras caras de estupor, se rio, dio media vuelta y continuó la travesía.

Era imposible decidir hacia dónde mirar. A lo lejos se alzaba la isla de Noss, lejana e imponente; antes nos cruzamos con algunos islotes rocosos y las Skerries, que parecían demasiado pequeñas para albergar habitantes... El cielo y las focas, curiosas, nos acompañaban. El sol lanzaba los últimos rayos dorados y unos lejanos vientos que no me alcanzaban daban forma a los remolinos de nubes. De tanto en tanto, James nos contaba que determinado punto era «bueno para la caballa» o «perfecto para los garlitos». Por supuesto, yo no advertía la menor diferencia entre unos y otros. Me explicó que esos conocimientos se transmitían de generación en generación; que a él se los habían enseñado su padre y su abuelo cuando, de niño, salía con ellos en sus embarcaciones. Así aprendió a identificar *meids* —es decir, puntos de referencia— con los que orientarse. La técnica consiste en buscar en tierra puntos concretos cuando se ha detectado una zona con buena pesca, por ejemplo la chimenea de cierto edificio que se alinea con la cumbre de una colina o un punto medio entre dos islas. De ese modo, resultará más fácil reconocerla en el futuro. Hay *meids* que todos se saben, sus nombres figuran en los mapas del archipiélago. Otros los manejan sólo las familias que los usan.

Pasaron volando a nuestro lado, increíblemente cerca, varios grupos de alcatraces, los blancos y amarillos brillaban con la luz del ocaso. Unas boyas de colores vivos nos indicaron la presencia de garlitos de langostas sumergidos. Los primeros cayeron en la embarcación con un golpe sordo. Los cangrejos que nos observaban desde su interior fueron devueltos al mar. El siguiente sí que contenía una buena pieza. Las enormes pinzas agarraban la malla, el cuerpo azul oscuro relucía con destellos purpúreos y las rojas antenas no paraban de moverse. James la sacó con cuidado, la sopesó, consideró que era demasiado pequeña y la echó por la borda. Observé su descenso, sorprendida de cuánto tardaba en desaparecer en las profundidades. Los garlitos, una vez izados, quedaron colocados en fila en una gruesa balda de metal. En los últimos había algunas langostas grandes, que fueron a parar a un cubo con agua de mar, donde se quedaron el resto de la travesía.

El cielo se tornó dorado oscuro; las nubes, de un rosa salmón claro; el mar, del color de la piedra de luna. Era el turno de la caballa. El sedal, provisto de varios anzuelos, se hundió sin alterar la superficie. Lo izamos vacío y lo sumergimos de nuevo. Nada. Nos movimos un poco y probamos. Esta vez, casi en cuanto tocó el agua, se empezó a agitar frenéticamente: habían picado varios peces. No sabía lo bonitas que son las caballas. En el supermercado, su piel es de un gris apagado, pero, vivas, recién salidas del mar, sus cuerpos muestran unos intensos matices de verde, azul y morado. Tantos, que parecían distintas cada vez que las miraban. Los peces se retorcían, se asfixiaban. Un cuchillo largo utilizado con destreza puso fin a sus vidas. James metió los filetes resultantes en una caja y tiró el resto al mar, donde se congregaban las gaviotas, conocedoras de los signos de una pesca fructífera.

Era casi de noche cuando atracamos. Mis inquietudes habían resultado infundadas. Durante la travesía, casi no había pensado en el embarazo. Me habían atrapado el cielo y el mar, los peces y las historias. Ya sólo faltaban unos meses para la fecha en que estaba previsto que me marchara de Whalsay. Tocaba volver a Aberdeen para redactar mi tesis doctoral. Notaba que crecía en mí un rechazo, una sensación física de malestar ante la idea de dejar mi nuevo hogar, de volver a algo que, aunque me resultaba más familiar, era ya extraño, ajeno, desconectado: una vida que había dejado de entender... Aquella noche, agradecida por la amabilidad de nuestro vecino y por la belleza de la tierra y del mar, me reconocía a mí misma por primera vez que no me iba a marchar de las Shetland. No sabía aún cómo iba a hacer para quedarme —debía solucionar la vertiente práctica de buscar trabajo y escribir la tesis lejos de la universidad—, pero encontraría el modo.

# 8
## SUGAR Y YUKON

Pocos días después de la subasta de Lerwick, Aberdeen celebraba la suya, y Jackie iba a llevar algunos ponis. Me preguntó si podía ir y ayudarla a cogerlos y meterlos en el ferri. Cuando llegué a su *croft*, le expliqué que acababa de salir del hospital y que a lo mejor me costaban un poco algunas de las tareas más físicas, pero que haría todo lo que pudiera. Quiso saber de inmediato qué me sucedía. Le di una respuesta imprecisa: me habían operado y me estaba recuperando bien. Lejos de recular ante mis evasivas, ella insistió en saber de qué. Yo dudé, respiré hondo y se lo conté. No se me ocurrió ninguna mentira y, además, tampoco quería engañarla. Por suerte, respondió con amabilidad y cambió de tema. Juntas, reunimos a los ponis y los llevamos al remolque. El tiempo pasaba deprisa; el trabajo físico y la concentración que requería la tarea me mantenían la mente ocupada. Era un alivio. De camino hacia el ferri con el primer grupo de ponis, vi por la ventanilla la niebla que ocultaba las crestas de las colinas. Los verdes del verano dejaban paso, poco a poco, a los marrones y los ocres del otoño. Las ovejas avanzaban con cautela entre el brezo. Por lo demás, la zona parecía carente de vida.

Jackie me hablaba de uno de sus ponis, que había nacido a finales de agosto. Yukon fue un accidente. En general, a las yeguas y a los garañones sólo se les junta, durante periodos cortos, en verano; así se garantiza que los potrillos nazcan en mayo o a comienzos de junio. Resulta, sin embargo, que, al regresar de un viaje, se encontró con que uno de sus garañones se había escapado y estaba con su yegua Sugar. Se apresuró a devolverlo a su prado, pero ya era tarde. Ahora tenía una potrilla que, cuando llegara el invierno, tendría apenas unos meses... Acostumbrarla al ronzal y al contacto iba a costar, y el invierno, con el mal tiempo y el barro, no era una época propicia para enseñarla.

«Vente y me echas una mano, si quieres», me ofreció. «Cogerías experiencia y quizá te ayude a distraerte». Yo ya estaba aceptando, encantada, cuando añadió: «Si consigues encontrar un prado para ellas, te las podrías llevar a Whalsay».

Volví a casa exhausta, pero muy animada. ¿Dónde encontraría un prado? No sería fácil. Los dueños de *crofts* que no crían ponis suelen mostrarse reacios a tenerlos en sus tierras. Piensan que levantan la tierra y rompen los vallados. De manera que hablé con mis vecinos y fui preguntando por la isla. Nadie quería pillarse los dedos. Me contestaban que «algún sitio habrá, digo yo» o que «un prado igual sí tengo, lo que pasa es que puede que lo necesite para las ovejas en primavera, ya te diré».

Pero nadie me decía nada, y las semanas transcurrían... hasta que Lowrie vino en mi salvación una vez más. Paró el coche a mi altura mientras yo iba andando por la carretera y me dijo: «Sube».

Señaló un prado a la izquierda y me preguntó si valdría. Era enorme, cubierto de brezo, con poca hierba, y el mar quedaba cerca por tres lados, exponiéndolo a las inclemencias del tiempo, pero un cerro grande y abrupto en el centro ofrecería cobijo viniese el viento de donde viniera. La falta de hierba no sería, en general, un problema para los ponis de las Shetland en invierno —aquél era, a fin de cuentas, el paisaje en el que habían evolucionado—, aunque una madre que estaba amamantando y una potrilla requerirían un suplemento de pienso. Me pregunté si podía permitirme tanto el prado como el alimento… Lo cierto es que la decisión estaba tomada, ya encontraría el modo de pagarlo. Le di las gracias mil veces a Lowrie y le prometí que estaría muy pendiente de las vallas. Aunque él en ningún momento dijo o hizo nada que expresara preocupación, mis sospechas de que me dejaba usar el prado por pura amabilidad —y contra lo que él encontraba juicioso— se vieron confirmadas cuando, en una fiesta, oí a varias personas hacer comentarios en plan: «¡Ponis! He visto ponis en los terrenos de Lowrie. Vamos, vivir para ver…».

Llegaron en un día frío y húmedo. Chubascos y ocasionales claros entre las nubes se combinaban para dar lugar a fugitivos y volubles arcoíris que alegraban el cielo gris acerado. El corazón me dio un vuelco cuando leí el aviso de la empresa de los ferris: el *Linga* se había averiado y se esperaban los consiguientes retrasos y cancelaciones… Yo estaba pegada al muelle, nerviosa, mirando cómo las olas se estrellaban contra la proa del *Filla* —el barco de sustitución—, que avanzaba dando tumbos. Al divisar la inconfundible silueta de un remolque para caballos, el alivio fue inmenso. Allí las tenía…

Me senté. Los ponis exploraban con calma el entorno. Las vistas desde el prado, en continuo cambio, eran espectaculares (el mar y el cielo eran distintos según el tiempo de cada día). Los coches recorrían la angosta carretera que quedaba debajo y un rebaño de ovejas se cobijó junto a una colina instantes antes de que un fuerte chubasco descargara. Yo había ido a ver a Yukon varias veces al *croft* de Jackie. Había pasado muchos ratos acicalándola, con idea de que cogiera confianza y se sintiera segura en su nuevo hogar. Y había funcionado: enseguida se acercó a mí, curiosa y sólo un poco dubitativa, y alzó su hocico hacia mi cara para que le rascara el cuello. De repente reparé en que aún llevaba el ronzal. Tenía que quitárselo antes de irme... Al agarrar la parte baja del correaje, le tiré sin querer de las vibrisas. Se encabritó y su pequeño cuerpo de repente se elevó sobre el mío. Preocupada por que pudiera lastimarse, la dejé ir. Gran error. Yukon retrocedió un par de metros para vigilarme, alerta ante cualquier movimiento. Si daba un paso hacia ella, ella daba otro atrás. No es que se alejara mucho, pero no dejaba que me aproximase lo bastante como para tocarla. Me agobiaba pensar que lo estaba haciendo todo mal...

Sabía que los vecinos de las casas cercanas estarían pendientes de cómo evolucionaba el asunto; también que tendría que escribir en mis notas de campo un relato veraz de aquel día... En fin, que estaba concentradísima en la tarea. Y sólo veía una salida: acorralarla en algún rincón. Le pedí ayuda a Steven y entre los dos la obligamos a pegarse a la valla. Cuando se dio cuenta de que estaba atrapada, se quedó quieta con las narinas muy abiertas y los ojos desorbitados, relinchando desesperadamente a su madre, que seguía con atención nuestras maniobras. No sabía lo que haría si pensaba que estábamos haciendo daño a su potrilla... Fui colocando la cuerda, despacio y con delicadeza, en torno al cuello de Yukon, sin dejar de hablarle con ternura. Se le movían las orejas y temblaba, pero no hizo amago de irse. Desabroché el ronzal y dejé caer la cuerda. En el instante en que se vio libre, se reunió con su madre y, juntas, subieron galopando al cerro. Mi torpeza había echado a perder la poca confianza que habíamos construido...

La visitas diarias, la subida a pie por la carretera con el cubo de pienso en la mano, me alegraban. Su presencia, saber que estaban allí, me hacía sentir acompañada y más conectada con aquello sobre lo que estaba escribiendo, además de proporcionar una estructura a mi vida cotidiana. Al principio me costaba encontrarlas en un prado tan grande: no se adelantaban a mi llegada y tampoco habían descubierto sus lugares favoritos. Al verme, Sugar relinchaba y echaba a andar con resolución hacia mí, metiendo la cabeza hasta el fondo en el cubo cuando lo dejaba en el suelo. A Yukon aún la notaba recelosa conmigo tras el incidente del ronzal; mantenía la distancia, siempre la justa para que no alcanzase a tocarla. Todos los criadores de ponis que conocía insistían en la importancia de no imponer el contacto; decían que era preferible dejar que fuesen ellos quienes tomasen la iniciativa. De manera que acariciaba y daba palmaditas a Sugar; a Yukon, le tendía la mano. Poco a poco, conforme fueron pasando los días, se atrevió a olisquearme o a pegar su cara a la mía. En tales momentos, yo intentaba quedarme quieta, ya que el menor gesto o cambio de posición, un golpe de tos o incluso un simple vaivén de mi pelo o de mi ropa con el viento podrían asustarla.

Una mañana, se quedó parada a menos de un metro de mí. Me moví despacio, alargando los dedos para rascarle la grupa. Aunque me vigilaba de reojo con cierto recelo, fue permitiéndome paulatinamente que le rascara el cuello y el lomo (algo que se convertiría en una costumbre y, a medida que fue sintiéndose más cómoda, empezó a «acicalarme» también ella a mí, pasándome con suavidad los dientes por los brazos y los hombros). Sugar, que hasta entonces me había ignorado —lo único que quería de mí era comida—, se unió a nosotras. Le rasqué el pecho y ella le acicaló la cruz a su hija. Soplaba un viento cortante y frío, el suelo estaba empapado y el cielo amenazaba lluvia, pero yo no tenía prisa por refugiarme en el calor del hogar. Aquel prado era mi casa…

## El ronzal

Ahora que tenía una potrilla con la que trabajar —una potra cuyas experiencias tempranas con los ronzales, las cuerdas y el contacto humano se modelarían conmigo—, pensaba mucho en lo que había aprendido de los criadores de las Shetland. En mi recuerdo, un día en concreto destacaba sobre los demás: el que pasé con los criadores de la cuadra Robin's Brae. Steve lo había filmado y, cuando lo veía, me sentía transportada a esa jornada estival…

Había escampado tras la fuerte lluvia de primera hora de la mañana. Brillaba el sol y una brisa fresca empujaba las nubes, dejando intrincados dibujos de luz y sombra en la tierra. De las cuadras de piedra llegaba un alboroto de cascos equinos y relinchos: los potros intentaban comunicarse con sus madres, que se hallaban en el prado de fuera. Iba a ser un día intenso: había que ponerles microchips a los potros, trabajar con el ronzal y hacer chequeos veterinarios, conque aquello era un ir y venir casi constante de animales y personas.

Antes de empezar, Leona me explicó que la idea era que los potros hiciesen lo que ella les pedía porque decidieran hacerlo, no porque se les estuviese obligando. Al mismo tiempo insistió en que tienen que aprender a comportarse como se espera de ellos: «Es una cuestión de respeto mutuo, y a la vez una lucha entre voluntades».

Utilizaban un sistema natural de recompensa que consistía en envolverles cariñosamente con ambas manos durante un instante —o acariciar un poco— el hocico cuando respondían de forma correcta, un método que pretendía imitar las interacciones naturales que tienen lugar en el seno de una manada, en vez de introducir recompensas artificiales como la comida.

El primer potro al que Leona sacó fue Toto, un macho negro con un ronzal rojo. Ella tiró de la cuerda, al principio con suavidad y después con más fuerza (el animal tironeaba en dirección contraria). Me explicó que las primeras veces era más complicado, porque los novatos no entienden lo que se les pide y la sensación del ronzal hace que se sientan atrapados. Cuanta más presión hacia ella con la cuerda, más clavaba el poni los cascos traseros en la tierra, sacudiendo la cabeza y reculando con violencia. Sus pezuñas delanteras arañaban torpemente el suelo en un intento de resistirse. Al fin, el potro empezó a avanzar con reticencia y a trompicones.

Tras caminar un trecho, Leona se detuvo; Toto se revolvió y se impulsó hacia atrás con todas sus fuerzas. Ella mantuvo la cuerda bien sujeta, sin aflojar un ápice. A continuación dio un leve tirón y el potro respondió con un paso al frente. Tocaba reducir la tirantez, acariciarle y darle cariño. Luego me dijo: «Un paso, una recompensa. Así entienden lo que les estás pidiendo».

Pero el animal volvió a la carga, tirando con más ímpetu... hasta que se dejó caer. En cuanto tocó la tierra, se levantó de un brinco y, como loco, se echó al suelo de nuevo. Leona, firme en su posición, le susurraba palabras de ánimo. «Si aflojas, creerá que le estás premiando y no sabrá a qué atenerse».

De pronto, Toto se puso de pie, tiró... y, cambiando de idea, dio otro paso hacia delante y recibió, de inmediato, su recompensa. Los quince minutos siguientes fueron una constante alternancia de premio y resistencia, aunque esta última iba reduciéndose a ojos vistas.

Para conseguir que caminara en círculos a su alrededor, Leona se echaba hacia un lado después de cada paso. Y sucedió que, cuando lo logró, se puso a masticar... Leona me dijo que se había fijado en que cuando hacían ese gesto significaba que comenzaban a aceptar la autoridad. «Ahora observa todos mis movimientos, y yo los suyos».

Me dio la impresión de que hasta la seguía de mejor grado... y no tardó en obedecer con apenas una ligera tensión en el ronzal. Entre el barullo de balidos de ovejas y relinchos, uno destacaba sobre los demás. Toto giró la cabeza y enderezó las orejas hacia las cuadras al escuchar la llamada de su madre. Leona decidió que era un buen momento para terminar la clase, antes de que el animal estuviera demasiado cansado y distraído. Ya en las cuadras, Leona me confesó que se había portado bastante mejor de lo que ella esperaba.

## Arquitecturas de la domesticación

En los relatos tradicionales sobre domesticación —donde se asume que estas relaciones se basan en el control y la subyugación—, herramientas como las cuerdas y los ronzales suelen presentarse como mecanismos mediante los cuales los humanos obligan a los animales a hacer lo que ellos quieren. Pues bien, mientras yo estaba trabajando con Sugar y Yukon, unos compañeros del proyecto Arctic Domus publicaron una ponencia titulada «Architectures of Domestication» [Arquitecturas de la domesticación] que pretendía cambiar el relato sobre este tipo de utensilios. Planteaban que éstos han de entenderse en su contexto, que su significado y sus funciones vienen dados por cómo se conceptualizan y emplean como parte de la vida social entre especies. Y yo, trabajando con criadores de las Shetland, constaté que así era. Acostumbrar al ronzal, por ejemplo, a un potro no era una labor en la que los criadores procuraban que el animal actuara de determinada manera enseñándole a obedecer. Era una oportunidad para que el ser humano y el potro aprendiesen, ambos, de y sobre el otro. Siempre que acompañaba a alguien en labores similares, surgían mil observaciones sobre el temperamento y la personalidad del poni en cuestión, o sobre qué clase de vida le podría ir bien. En Robin's Brae, la expectativa era que la condición domesticada de Toto se manifestara como terquedad a la hora de seguir instrucciones, pero la experiencia cambió aquella valoración. El potro se dio a conocer a sí mismo —y dio a conocer su personalidad y sus intenciones— a través de sus interacciones con la cuerda del ronzal y sus correajes. El tiempo compartido fue una práctica de comunicación en curso.

Poco a poco, en las semanas posteriores, durante los ratos que pasaba con Yukon, fui dirigiendo mi atención a las partes de su cuerpo que más se manipularían a lo largo de su vida. Y, así, le trazaba con los dedos las líneas por donde irían las correas y le pasaba las manos por las patas y los cascos. Cuando se habituó a la rutina, empecé a introducir, despacio, el ronzal. Primero me limitaba a llevarlo conmigo, dejándolo en el suelo para que lo olisqueara. Después se lo coloqué, ya sí, en la cabeza. Yukon, curiosa y algo reacia, se mostró desde el principio deseosa de participar.

Una mañana, varias semanas más tarde, me senté y me puse a rascarle el cuello, a lo que ella solía responder «acicalándome» también. Pero aquel día ocurría algo extraño... Sus movimientos eran más erráticos y, a intervalos, se detenía y se quedaba mirándome. Yo notaba, sin lugar a dudas, que algo estaba planeando. Me di cuenta de que iba a morderme un instante antes de que lo hiciera. Aun así, esperé sin inmutarme. Y, en efecto, me pegó un buen bocado en el brazo... Alcé la voz y usé un tono severo. No demasiado, porque era la primera vez que la reñía, pero sí lo bastante como para que reculase y tensase el cuerpo mientras me miraba desde cierta distancia. Ignorándola, comencé a hablar con Sugar. Yukon se fue aproximando despacio. Avanzaba y se paraba hasta que se detuvo junto a mí masticando (detalle, éste último, que me habían enseñado a identificar como señal de sumisión). Aguardé un rato antes de dirigirme a ella con delicadeza y volver a rascarle el pecho... y, de inmediato, Yukon retomó también, entusiasmada, sus gestos de cariño.

Aproximadamente una semana después estaba enseñándole a caminar a mi lado. Le ponía el ronzal y echaba a andar, al tiempo que la animaba: «Vamos, vamos...».

No tardó en entender lo que yo esperaba de ella, y lo hacía con gusto. Aquel día, sin embargo, se la veía más remolona de lo habitual. Cuando por fin echaba a andar, me daba la sensación de que no quería, de que no lo estaba pasando bien. Decidí acortar la clase y trabajar en otra cosa, pero Yukon se quedó allí plantada, sin más, y se negó a moverse. Aunque yo había pensado dejarlo ahí, muchos criadores me habían puesto en guardia contra los peligros de «dejar que el poni gane», conque sabía que debía lograr que caminase y detenernos una vez hubiese quedado claro que era yo quien había puesto fin a la lección. De manera que, con un tirón de la cuerda y un empujón, echó a andar de nuevo. La notaba tensa, avanzaba a un ritmo espasmódico, meneaba la cabeza más de lo normal... Era evidente que iba a darme otro mordisco. Cuando estaba a punto de hincarme el diente, le pegué un buen tirón y, con tono severo, dije: «No». Ella se retiró y se puso a masticar. Describimos varios círculos amplios antes de permitirle parar y no mostró la menor señal de rebeldía.

Le he dado muchas vueltas a aquello. Tras el incidente, la reñí antes de que hiciese nada. Estaba segura de que me iba a morder. Pero ¿cómo? Y ¿realmente era esa su intención? Sigo convencida de que sí, pero lo que más me interesa es entender cómo llegué a esa conclusión. Arrimarme la cabeza era algo, en verdad, que hacía con frecuencia (a veces para mirarme, o para olisquearme o acariciarme). ¿Cómo percibí que esa vez era distinto? Yukon estaba de mal humor desde el principio, antes incluso de ponerle el ronzal. Hice memoria: ¿qué señales me alertaron? Pensé en los indicios sobre los que me habían advertido los criadores y no conseguí encontrar ninguno... Tal vez estuvo un pelín más tensa, pero no mostró ningún signo obvio, concreto e identificable que me convenciera de lo que ocurriría o que pudiera describirle a otra persona. La sensación de saber lo que la potra iba a hacer y la dificultad de explicar cómo había llegado a esa conclusión me recordaron mis charlas con los criadores. Ellos insistían en que «sabían» lo que estaban pensando sus ponis. Me preguntaba si aquélla habría sido mi primera experiencia tangible de eso con Yukon...

Aunque conocer a los ponis y respetar las ideas y opiniones equinas era básico en la labor de los criadores, cómo llegaban éstos a sus conclusiones era algo que, muchas veces, me costaba comprender. Cuando me contaban detalles de las personalidades, actitudes y humores de los animales, les preguntaba cómo lo sabían. Una de las principales cuestiones de mi tesis doctoral se centraba, de hecho, en cómo la gente llegaba a conocer y a comunicarse con ellos, y estaba desesperada por descubrir cómo se forjaban en la práctica las complejas relaciones de respeto y comprensión mutuos. ¿Cómo llegaban las personas a saber las opiniones de sus ponis? Cuando hacía esa clase de preguntas, sin embargo, recibía unas respuestas bastante encorsetadas, como por ejemplo: «Si tienen las orejas hacia atrás, están de mal humor».

La situación era de lo más frustrante. Semejantes explicaciones me parecían lecturas muy simplistas —en meros términos de causa-efecto— del comportamiento animal, que además ya figuran en cualquier manual equino. Para mí era evidente que el proceso de ir conociendo las personalidades de los ponis requería un nivel de comunicación más profundo. Un nivel que era difícil describir con palabras...

Cada vez que alguien me decía que «sabía» lo que estaban sintiendo los ponis —o que les «leía la mente»—, hacía una pausa y me observaba para comprobar mi reacción. Si seguían hablando, solían añadir comentarios como: «Pensarás que estoy loco» o «Igual son imaginaciones mías, pero es mi verdad». Me sorprendía que aquella gente, que demostraba un respeto tan grande por la individualidad y la inteligencia de sus animales, se mostrara dubitativa hasta ese punto a la hora de concretar cómo habían aprendido todo eso. Con el tiempo, después de muchas vueltas, comencé a entender que carecemos de un lenguaje que permita tratar adecuadamente la comunicación entre especies.

En su bonito libro *Una trenza de hierba sagrada. Saber indígena, conocimiento científico y las enseñanzas de las plantas*, Robin Wall

Kimmerer habla de las limitaciones de la lengua inglesa de cara a describir el mundo. Se trata de un idioma con más nombres que verbos, y más orientado a las cosas que a los seres vivientes. Al considerar a un no humano como un «ello» (*it*), en vez de como un «quien» (*who*), estamos creando y manteniendo una separación: ignoramos, o pasamos por alto, la condición animada de los mundos que habitamos. Y esas ideas de separaciones entre los humanos, los animales y los paisajes resultan reforzadas por las discusiones *mainstream* y científicas. Con demasiada frecuencia, cualquier afirmación relativa a que se están comprendiendo los sentimientos, las motivaciones o las intenciones de un animal —o el mero planteamiento de que posean ese tipo de capacidades mentales— se considera un enfoque antropocéntrico. Se piensa, en realidad, que los humanos están proyectando sus propias ideas sobre los animales, atribuyéndoles emociones semejantes a las suyas.

Eso confirma que descartamos que los animales sean capaces de tales experiencias y emociones, y que partimos de la base de que hay una serie de características exclusivas de nuestra especie. Si entendemos que la tristeza de un perro o la empatía de un caballo son, en realidad, proyecciones antropomórficas, nos referimos a que se trata de emociones humanas que hacemos extensivas, artificiosamente, a los animales que viven con nosotros. E incluso si creemos que tales emociones están ahí, asumimos que les resultan inaccesibles a los miembros de otra especie... En buena parte de la psicología occidental, los pensamientos y las intenciones se conciben como representaciones abstractas que, contenidas en una mente, luego pueden determinar el comportamiento del individuo. El único modo de entender ese estado interior sería poder experimentar el mundo igual que el individuo en cuestión, algo que se considera imposible en el caso de las relaciones entre humanos y animales.

Recientemente, en los estudios al respecto se han dado pasos hacia una comprensión de los pensamientos como algo que está en el mundo, y no dentro de los individuos. Los pensamientos y las motivaciones no son inaccesibles, no se encuentran acerrojados en el interior de mentes individuales, sino que pueden concebirse como parte de relaciones vivas, en curso. Vinciane Despret califica esto de «con-idad» (*with-ness*), o, lo que es lo mismo: que, a través del tiempo y de la atención, quienes coparticipan en una relación desarrollan nuevas comprensiones de los espacios que comparten. Para los criadores con los que yo trabajaba, que los ponis fuesen equinos —miembros de una especie distinta— no suponía ninguna barrera impenetrable para la comunicación y la comprensión. A través de sus vidas compartidas, entraban en sintonía con ellos. Sus opiniones y preferencias se hacían explícitas gracias a una atención encarnada: cómo los ponis vivían en un clima y en un terreno, y cómo respondían a las herramientas de domesticación (ronzales, cuerdas y manos).

Ir conociéndolos, dedicando tiempo a entenderlos y a comunicarse con ellos, resultaba crucial en la forma en que conceptualizaban sus propias identidades como criadores responsables. En la medida en que buscaban perpetuar la raza autóctona y mantener relaciones entre los ponis, las personas y el lugar, una comunicación eficaz era un requisito básico. El trabajo de habituación y aprender a establecer un vínculo revestían una gran importancia de cara a garantizar un buen futuro para cada individuo concreto, pero era también un modo fundamental de imaginar futuros para esta raza equina en general.

## Futuros

Una mañana, mientras compartía un rato con Yukon, de repente me acordé de los potros de la subasta que nadie quiso, que se vendieron por menos de lo que cuesta un café para llevar. ¿Qué habría sido de ellos? Me pregunté qué le depararía el destino a ella: si se quedaría en las Shetland o encontraría su hogar en algún sitio nuevo, si se convertiría en una yegua de cría o en el poni de un niño. Fui recorriendo su cuerpo con los dedos: tenía unas proporciones correctas, era bonita e inteligente... pero parecía probable que, al crecer, se convirtiese en un ejemplar con una talla media poco apreciada, lo cual limitaría sus opciones. Yo sabía que, con el ronzal, estaba haciendo posible la comunicación y la comprensión mutua, pero esperaba estar consiguiendo algo más que eso, es decir, aumentar sus posibilidades de cara al futuro.

Las personas y los ponis viven en un mundo compartido, respondiéndose entre sí, de ahí que estos últimos necesiten aprender a vivir e integrarse en los ritmos de las vidas humanas, como parte de los mismos. Durante el trabajo de habituación al ronzal, se establece una comunicación eficaz y respetuosa. Los criadores, si bien no pretenden dominar o sobredomesticar, sí creen, en cambio, que demasiada libertad —o libertad en el momento equivocado— va en detrimento de las vidas de los animales. El entrenamiento implica un complejo equilibrio entre la comunicación y la coerción, entre la autonomía y el control, pues los dueños utilizan sus destrezas para ampliar las opciones futuras de sus ponis. Algunos me hablaron de ciertas ocasiones en que, sin darse cuenta, habían «entontecido» a sus potros al domesticarlos demasiado, o bien al mostrarse demasiado permisivos con el tema del ronzal o al propiciar comportamientos ñoños. El resultado de aquello eran animales adultos que de repente se abalanzaban sobre la gente pretendiendo sentarse en sus rodillas o que se dedicaban a llamar la atención y luego no sabían comportarse en situaciones clave como, por ejemplo, cuando debían recortarles los cascos. Para los criadores, enseñar a los potros a integrarse en mundos sociales humanos resultaba una labor esencial que a menudo comparaban con el papel de los padres en la educación de sus hijos. Formar correctamente a un poni suponía, así, equiparlo con las destrezas necesarias para compartir su vida con los humanos y garantizar una comunicación con sentido.

Por otra parte, demasiado control se consideraba negativo de cara a las futuras relaciones, ya que privaba a los ponis de su autonomía. A muchos les preocupaba el excesivo sometimiento al que se sometía a los animales, a los que dejaban escaso margen para que experimentar la libertad o pensar por sí mismos. Esto supone un riesgo de cara a que pierdan sus instintos naturales, volviéndose cada vez más dependientes. Un día que coincidí con Roselyn en el ferri, hablando de Yukon le pregunté qué tal iba Hirta. Me contó que había aprendido bastante durante el verano y que sin duda le gustaba el trabajo de la monta, pero que ahora tocaba darle un respiro: «Pasará una temporada con June en la colina. Necesita procesar sus nuevos conocimientos. Si estás siempre encima de ellos, se olvidan de pensar por sí mismos. Es como si acabaran en modo piloto automático…».

Demasiada coerción se puede traducir en una quiebra de la comunicación entre especies: los humanos olvidan cómo se escucha a los ponis. Y, si sus voces se ignoran, al final dejarán de hablarnos. En cuyo caso, el lenguaje común se perdería… Los criadores que conocí en las Shetland consideraban prioritario pasar tiempo con sus ponis, un tiempo en el que aprender con y de ellos; en el que leer, cada uno, el lenguaje del otro y establecer las fronteras de sus mundos compartidos.

Cuando se trabaja con ciertos instrumentos, es imposible que no se instaure cierta jerarquía, pero su uso no es opcional. Aun así, yo no creo que esto contradiga las afirmaciones de respeto a la autonomía equina. Tanto las relaciones como las herramientas que forman parte de las mismas son complejas y polifacéticas, y van cambiando con los contextos sociales en los que se integran. Es el reconocimiento de los ponis como compañeros inteligentes a los que habría que escuchar lo que hace que el trabajo con el ronzal cobre tanta importancia.

## Invierno

En el folclore de las Shetland, cada primavera la Madre del Mar lucha contra Teran, el que trae las tempestades, obligándole a sumergirse en las profundidades del océano para que las islas puedan disfrutar la paz del buen tiempo. Sin embargo, a medida que el otoño se acerca, la Madre del Mar se va cansando y Teran, aprovechando su debilidad, vuelve a retomar el control. Octubre estuvo repleto de señales de aquellas batallas. Aparecían de la nada fuertes vientos que soliviantaban el mar, que respondía con una furia de oleaje y espuma y temporales que lo mismo duraban unas horas que varios días... El silencio de los periodos de tregua se antojaba absoluto: sol, aire inmóvil y ausencia de aves marinas. La hierba del promontorio seguía verde, pero el marrón empezaba a teñir las colinas y se habían retirado, hasta la siguiente primavera, las flores silvestres que habían dado color al verano. Aunque el sol conservaba algo de su calor, se quedaba bajo en el horizonte; las sombras alargadas se extendían por el paisaje y cada día la tarde llegaba más temprano. A últimos del mes, el viento se desplegaba por la isla trayendo historias de nieve lejana...

El cambio de estación tuvo un efecto profundo en Yoda. Aunque seguía esperando junto a la puerta para que le diera comida, una vez que la engullía se sumaba al rebaño para regresar a la colina. Se pasaba el día detrás de las ovejas, acompañándolas mientras pastaban y reproduciendo su lenguaje corporal. Desde lejos, no se le distinguía del resto.

«Es la época de que el carnero vaya con las hembras», me explicó Lowrie. «Lo habrá notado y se quedará con el rebaño, ahora que ha aprendido».

Yoda y Four White Feet se acicalaban entre ellos. Mi corderillo huérfano había encontrado por fin su familia ovina... A los pocos días, June publicó en Facebook que, por vez primera en ese año, se había encontrado a todos sus ponis abajo, junto a la puerta, esperando a que les echara de comer. Otros criadores habían confirmado lo mismo en sus comentarios: a ellos les había pasado igual, sus ponis bajaron a por pienso ese día. Luego June me explicó que el hecho de que animales que están a kilómetros de distancia, en partes distintas del archipiélago, perciban todos a la vez el cambio de estación y sepan cómo comunicárselo a los humanos no deja de asombrarla.

A pesar de que anochecía antes, a mí todo se me antojaba más liviano. Sentada en aquel paisaje agreste junto a una diminuta potra —nuevo miembro de una antigua raza equina—, me embargó un entusiasmo creciente hacia mi investigación y una esperanza renovada hacia el futuro. Las semanas avanzaban, el pelaje de Yukon iba creciendo, transformándose en el tupido abrigo que la protegería de las inclemencias del invierno. Quieta, apretando su hocico contra mi nariz. Nuestras respiraciones se adivinaban en el aire frío, entremezclándose en una nube de vaho que partió de viaje con el viento desde el pequeño rincón que ahora era mi hogar.

# 9
# NAVIDAD

Diciembre trajo tempestades, semanas de vendavales y azotadora lluvia; los plomizos cielos oscurecían las ya escasas horas de luz. La velocidad del viento estaba siempre marcada en rojo o naranja en el parte meteorológico: temporal (fuerza ocho), temporal fuerte (fuerza nueve) o temporal extremo (fuerza diez). Yo intentaba evitar los viajes los días en los que la previsión era peor, pues temía quedarme tirada si cancelaban el ferri; pero, dadas las circunstancias, al final no me quedaba otra que aventurarme para sacar adelante mi trabajo de campo. Antes de coger el barco de la mañana, me acercaba a ver a los ponis. El haz de mi linterna ponía de relieve la lluvia y hacía visible la fuerza del viento. Normalmente sabía en qué parte del prado iban a estar, pues ya se conocían los mejores refugios. Solía encontrármelos bien quietos, chorreando agua, capeando el temporal con la grupa orientada hacia el viento.

La lluvia y las olas rebotaban contra mi parabrisas. El ferri daba unas sacudidas tremendas, resucitando mi miedo a que el coche volcase y cayera al mar… El invierno se encargaba de recordarme que vivía en una isla que, a su vez, pertenecía a un archipiélago situado a cientos de kilómetros de la tierra firme más cercana. Desembarcar con el vehículo y dejar atrás las pocas calles iluminadas de Symbister suponía adentrarse en una oscuridad total. Aunque en su momento me había parecido que las luces de las casas realzaban la vacuidad del paisaje, ahora entendía que formaban parte de amplias redes comunitarias. Si la de la puerta de entrada estaba encendida, quería decir que estaban abiertas a visitas. Pensé que era un símbolo de un modo de vida. Amaba aquella sensación isleña de calidez y cobijo enfrentada a los poderosos elementos…

A primeros de diciembre, se colocaron las primeras luces navideñas, dando otro aire a las casas. Filas de bombillas de colores delineaban las fachadas de los edificios, así como los marcos de las ventanas, cobertizos y vallas. Flamantes muñecos de nieve y renos decoraban los jardines, y en el puerto los barcos dejaban las luces de sus mástiles encendidas. Robbie e Ina nos invitaron a cenar en Nochebuena. El gesto me emocionó. También me alivió un poco… Al ver a las familias haciendo los preparativos de las fiestas, me había entristecido pensar que Steve y yo las pasaríamos solos. Constatar los vínculos entre los vecinos —tanto con la familia, como con la comunidad— me recordaba que yo nunca había tenido tales redes de apoyo, de apego. Y aunque el aborto había puesto fin a las náuseas del embarazo, la tristeza que me acompañó todo el otoño retrasó mi incorporación a la vida cotidiana. Me costó retomar las actividades sociales.

Ya estaba asimilando la experiencia de aquella pérdida, pero situaciones como la Navidad —en la que habría entrado en el tercer trimestre del embarazo y me habría empezado a preparar de verdad para recibir al bebé— me hacían sentir especialmente sola e incrementaban la sensación de quebranto.

El mal tiempo remitió en Nochebuena, por lo que decidí arriesgarme a ir a Mainland para comprar algunas provisiones extra. De repente, oí el helicóptero de los guardacostas a lo lejos. Volaba directo hacia el centro de la localidad, cada vez más bajo, hasta situarse casi sobre los tejados. Me preocupé al ver a la gente hablar a voces y hacer aspavientos. ¿Qué habría pasado? Hasta que me di cuenta de que los niños gritaban: «¡Papá Noel! ¡Papá Noel!».

Y, así es, ahí estaba Papá Noel, asomado a la puerta del helicóptero, saludando. El aparato describió un par de amplios círculos en torno al pueblo y prosiguió su vuelo en dirección norte. Luego me explicaron que era una tradición navideña: todos los años los servicios de salvamento marítimo llevan a Papá Noel y a su elfo de isla en isla...

Faltaban varias horas hasta la salida del ferri de regreso, así que decidí acercarme al llamado «templo de Stanydale». Es una estructura única en las Shetland tanto por sus dimensiones como por su tipo, y data del Neolítico. Al igual que casi todos los yacimientos arqueológicos del archipiélago, carece de vallas.

Siempre me ha gustado visitar lugares sagrados donde se practicaban ritos y magia en momentos concretos del año: solsticios, equinoccios, la noche de Beltane..., días en los cuales las fronteras entre mundos diríanse más permeables. El sol estaba justo sobre el horizonte, lanzando largos rayos dorados a través de aquellas antiquísimas piedras que, dispuestas en círculo, revelaban la presencia de existencias pasadas. Los vellocinos iluminados desde atrás de un rebaño de ovejas parecían brillar con luz propia. El silencioso aire se llenó de súbito con las voces y el aleteo de cinco cisnes que volaban hacia el oeste, hacia el mar... Las aves y las piedras me trajeron a la mente mi poema favorito, «Swans at Brodgar» [Cisnes en Brodgar], de George Mackay Brown.

Círculos nos compelen por doquier,
sol y piedra y aves volando.
La antigua sapiencia conocía la ley de los círculos,
instruyendo a los canteros y alarifes de Brodgar
en la pureza e inevitabilidad de la colocación de cada roca.
Y los grandes pájaros blancos,
unidos en un círculo aleatorio de reposo,
nuevamente se alzarán a la curva y al impulso de la sangre.

Me situé frente al acceso, donde las primeras luces del alba del solsticio se alinean con el umbral de la puerta. Pensé en los campesinos que vivían allí hace cinco mil años, y en lo oscurísimo que el crudo invierno debía de antojárseles. La distancia entre mi vida, mis esperanzas y mis inquietudes y las suyas me parecía enorme. Y sin embargo las estaciones, los ciclos climáticos y la importancia de los espacios sagrados persistían, si bien bajo una forma diferente. En un año en las Shetland, en sus cuatro estaciones completas, había cambiado de más maneras de las que podía imaginar cuando emprendí mi viaje al norte. Y ahora, en aquel lugar, en silencio, rodeada de la presencia del tiempo, me sentí en paz: dispuesta para lo que fuese que el nuevo año quisiera traer. Cogí una concha de mi bolsillo y la dejé en una piedra. ¿Una ofrenda? ¿Un gesto de agradecimiento? Lo único que sabía era que lo debía hacer.

En las cenas de Navidad, se compartían anécdotas de humanos, animales y hechos memorables de las islas que me habían acabado sonando. Era como si las historias nos fuesen introduciendo, poco a poco, en la comunidad. Por la tarde, Steve y yo nos preguntamos qué debíamos hacer. Nuestros vecinos nos habían emplazado así: «Pasaos cuando queráis».

Y, de pronto, no sabía si se referían a la cena de Nochebuena. ¿Sería una intromisión presentarnos allí? ¿O a lo mejor era una grosería no ir y ausentarnos de la comunidad? No podía parar de darle vueltas... Al fin, decidimos acercarnos a felicitarles la Navidad y ver qué pasaba. Nos recibieron con una calurosa bienvenida: «Sentaos, sentaos», nos pidieron, poniéndonos sendos vasos en las manos y sirviéndonos bebida.

Cada zona de la isla de Whalsay tiene sus propias tradiciones. En algunas se celebran fiestas abiertas en locales públicos; en otras, sólo asisten los vecinos cercanos. En el norte, que es donde nosotros vivíamos, el 26 de diciembre se encendía una gran hoguera. Aquella noche, el viento traía el presagio de la escarcha y los millares de estrellas parecían, por algún motivo, más brillantes y más próximos cuando nos encontramos con los demás al final de la carretera. Varios hombres llevaban unas antorchas enormes como las de las comparsas de las fiestas del fuego Up Helly Aa. Juntos, bajamos hacia la reluciente luz del valle. El fuego rugía y su agradable calor se extendía en el aire frío de la noche. En torno al fuego se habían colocado diversos muebles: sofás, mesas, estanterías, lámparas y hasta un televisor. Algunos los usaban a modo de asiento; otros estaban de pie conversando en corrillos; y un grupo de adolescentes charlaba en lo alto de un talud de turba. Quien más quien menos llevaba su botella de *whisky* e iba ofreciendo un traguito. El ambiente era cálido y acogedor, dominado por las risas...

Cuando el fuego quedó reducido a ascuas, los invitados se refugiaron en el interior de la casa. En la cocina había sopa casera, *bannocks* y pescado ahumado al estilo isleño. Nosotros picamos algo, aceptamos un vasito de licor y fuimos al abarrotado salón, tratando de encontrar algún hueco donde sentarnos. Había algo de parodia y pantomima en las conversaciones y las risas, algo relativamente normal en la vida social de las Shetland. En la cultura setelandesa se hace todo lo posible por no resultar jactancioso o pedante. Incluso auténticos expertos en su ámbito, con una pericia y una experiencia innegables, tienden a quitarse importancia, insisten en que ellos saben «sólo un poco», y a menudo resaltan la aportación de los otros a sus propios logros. Los que, en cambio, afirman saber de una materia sobre la que tienen, en verdad, poca experiencia, así como los que se toman a sí mismos demasiado en serio, generan desconfianza. Si te asocian con esa pompa, serás objeto de ridículo en fiestas y reuniones, y aquella noche no fue una excepción. Con palabras aceradas e imitaciones, se hizo una mofa sutil, pero punzante, de personas e instituciones locales. No entendía todas las referencias, pero me tronchaba con las que captaba, y me sentía feliz e incluida.

En todas las fiestas a las que íbamos había un ambiente distendido, vital y acogedor. Los vasos se rellenaban a una velocidad alarmante y no era raro que me encontrara con varias copas en fila delante de mí porque no seguía el ritmo... Aunque lo pasara bien, necesitaba un poco más de tiempo que mis vecinos para recuperarme de tanta vida social, así que, para Año Nuevo, estaba exhausta. Allí la celebración más importante no es, como en Escocia, la Nochevieja, sino el 1 de enero. Esa noche, la localidad de cinco casas en que nosotros vivíamos abría sus puertas a los habitantes de toda la isla. Desde que oscureció hasta el alba, una riada de gente pasó por casa para tomarse una copa y felicitarnos el año. Yo también visité las de los vecinos, y no daba crédito al flujo incesante de personas. Todos se sentaban un rato, aceptaban un vasito de licor y compartían anécdotas y chistes... para ir a por la siguiente casa. Desde la cama, oía el sonido de los festejos, que no habían acabado: a cada nuevo visitante se le recibía con la mayor efusividad, y se gritaban los mejores deseos desde la puerta a los que se marchaban. Sonreí pensando cuán diferente era aquello de las celebraciones urbanas, donde el acceso a la casa de alguien requiere invitación y a menudo se limita a los amigos íntimos y la familia cercana. Me sentí feliz y agradecida por vivir en un sitio tan sociable, donde hablar con los vecinos no sólo era posible, sino habitual. Amaba la libertad y la flexibilidad del modo de socializar isleño, lo que no quita que aún albergase dudas sobre cómo debía proceder yo. La cuestión es que aunque había pasado mucho tiempo fuera por el trabajo de campo, y a pesar de no haber podido participar en la vida de la comunidad por haber estado enferma, me seguían acogiendo con los brazos abiertos. Me invitaban, compartían conmigo pescado y huevos... y yo de verdad sentía que empezaba a formar parte de aquello, que aquél era mi lugar en el mundo. Cuando estaba a punto de quedarme dormida, hice voto de iniciar el nuevo año con un esfuerzo renovado para integrarme en una comunidad a la que ya amaba.

## Un nuevo año

Casi no podía soportar mirarla, pero me atraía irresistiblemente. Era una especie de compulsión. Volví a sacar del cajón la fotografía y examiné su granosa imagen en blanco y negro: un instante congelado, la captura del latido de un minúsculo corazón, el comienzo de una vida visible gracias a la tecnología... Había tenido suerte: todo se había desarrollado, tras la operación, del mejor modo posible, y enseguida me dieron permiso para ir a por otro bebé. Al poco, un test de embarazo me mostró la ansiada segunda rayita...

Aquella semana hizo muy bueno, poco viento y temperaturas cálidas. Era algo bastante infrecuente y, siempre que ocurría, todo el mundo lo aprovechaba al máximo. La gente hacía más cosas fuera, conversaba con amigos y vecinos mientras reparaba los estropicios de las tempestades, trabajaba con sus animales o preparaba los huertos para plantar cuando llegase la primavera. La carretera principal, que daba la vuelta a la isla, estaba atestada de paseantes. Y yo estaba llena de esperanza. Me dije a mí misma que el embarazo molar había sido simple mala suerte, nada más. Esta vez iba a ser distinta...

Mi exultación se tornó de inmediato en miedo cuando, subiendo por la colina para ir a ver a Yukon, me di cuenta de que estaba sangrando. Fui a casa y, bañada en lágrimas, llamé al hospital. La matrona con la que hablé fue amable, pero me dijo que, como acababa de hacerme una ecografía, íbamos a tener que esperar unos días hasta poder repetirla para comprobar si este embarazo estaba saliendo adelante o también se había malogrado. No sabía qué hacer con la incertidumbre... Pasaba horas en internet intentando encontrar historias de sangrados donde el embarazo fuese bien, pero siempre me topaba con lo peor: aborto espontáneo, embarazo ectópico... o incluso un nuevo embarazo molar. Aunque el milagro del buen tiempo duraba, ahora veía a la gente conversando fuera y, abrumada, me sentía incapaz de unirme a ellos... De modo que subía a sentarme al prado de Yukon y me quedaba allí, apartada, mirando el mundo pasar...

Entré temblando a la sala de ecografías. Mis piernas se movían mecánicamente y no encontré palabras para contestar al amable saludo de la matrona. Nada más tocarme con aquel dispositivo la barriga, la mujer le dio la vuelta a la pantalla hacia mí: sin duda, el corazón latía. Un alivio del que disfruté bien poco: unas horas después de la ecografía, volvía a sangrar... Unos coágulos tremendos, la regla más copiosa que había tenido en mi vida. Corrí de vuelta al hospital llorando, aterrorizada, segura de que la vida que acababa de ver se había perdido. Fue cuestión de segundos que la matrona girase la pantalla y me enseñara de nuevo el corazón latiendo. Para tenerme controlada, me aconsejaron quedarme ingresada esa noche; la pasé en vela escuchando el llanto de un recién nacido en la habitación de al lado y preguntándome si mi bebé seguiría bien. A la mañana siguiente, tras una ecografía rápida me dieron el alta advirtiéndome que los sangrados podían repetirse y que, si sucedía, debía acudir a urgencias de inmediato. La matrona era afectuosa y empática. Me dijo que iba a ser duro, pero que fuese tomando cada día conforme viniera, que quizá me diera la impresión de que nada avanzaba, pero en verdad todo iba hacia delante y aquello pasaría.

Me llevó días terminar de asimilar que seguía embarazada. Todo me parecía tan incierto, tan dudoso... No podía dejar de preguntarme si el latido se habría detenido. La vida normal me resultaba excesiva. El miedo a sangrar no me abandonaba. Recordaba con nitidez la sensación del instante en que comprendí lo que estaba pasando. Se me encogía el pecho de pensarlo... Me daba pánico que la historia se repitiera y no paraba de ir al baño para asegurarme de que no estaba manchando. Siempre me he preocupado demasiado, imaginándome escenarios posibles muchos pasos por delante de mi situación real. En general, lo consideraba una parte de mi carácter, algo que coexistía con mi imaginación más bien activa y que tal vez guardase una relación directa con ella. Con los años, fui encontrando formas de gestionar diversos aspectos de mi ansiedad, de evitar que acabara ejerciendo una influencia determinante en mi existencia. La vida en las Shetland me ayudó a reconocer y abordar otros esquemas de pensamiento que se habían convertido, con los años, en algo mayor de lo que yo pensaba.

Esta vez, sin embargo, la angustia se estaba saliendo con la suya. La mera posibilidad de salir de casa me agobiaba. ¿Qué sucedería si estando en un prado con un criador de ponis empezaba a sangrar? Aun sabiendo cuál era la respuesta sensata, la idea de disculparme y salir pitando con el coche para el hospital se me hacía un mundo. Decidí tomarme todo con calma durante unas semanas, pero incluso las tareas más banales representaban un problema para mí. Por ejemplo, un día estaba en el Tesco, con el carrito lleno, y me sobrevino la certidumbre de que estaba sangrando. Me quedé helada. No sabía qué hacer. ¿Dejaba el carro y me iba al baño o acababa antes la compra? Cogí un par de artículos más y me puse en la cola más cercana. Me sacudían oleadas de pánico y tenía el rostro empapado de sudor frío. Me sentía expuesta, como si todos allí viesen mi miedo y se preguntasen por qué me comportaba de forma tan rara. Me concentré en la respiración, en ir poniendo las cosas, una a una, en la cinta transportadora de la caja. En cuanto hube pagado —haciendo un esfuerzo enorme para intercambiar con la cajera las típicas frases de cortesía—, fui como un rayo al servicio. Ni rastro de sangre. Me derrumbé sobre la tapa del váter, presa de un llanto incontenible.

## Terapia con animales

El invierno se marchaba y regresaban las señales de la primavera, ya familiares (los agudos graznidos de los ostreros, los fulmares emparejándose y creando sus hogares en abruptas paredes, el gorgoriteante canto del zarapito...). En el agua, nadaban montones de patos eider. Sus sorprendidos «oooh» siempre me hacían sonreír, sacándome de mis preocupaciones aunque sólo fuese un rato. Los restos de pequeños huevos azules me indicaban que la primera nidada de polluelos de estornino había salido ya del cascarón. Entre los recovecos de un muro, en efecto, brotaba el clamor de aquellas crías hambrientas. En mis paseos por el promontorio, me detenía a menudo a mirar el mar sentada en una roca. En cuanto me veía, Yoda venía corriendo a mi lado y se ponía a pastar pegado a mis pies. Cuando alargaba la mano para rascarle los carrillos o el cuello, él ladeaba la cabeza —que con frecuencia apoyaba en mi rodilla— cerraba los ojos y rumiaba plácidamente.

Hubo varios días de tiempo luminoso y seco, soleados y con una leve brisa. Tras un largo invierno, me encantaba la sensación de estar rodeada de primavera. Así y todo, me sentía desconectada... La calidez y la quietud del exterior no casaban con la velocidad de mis pensamientos ni con mis frenéticas preocupaciones. No sé cómo habría superado aquellos meses tan difíciles de no haber sido por los ponis. Estoy segura de que Yukon sabía que algo ocurría. En las semanas previas a quedarme embarazada, iba un poco a su aire: trabajaba bien con el ronzal, daba la impresión de que disfrutaba con los paseos por la carretera e ignoraba casi por completo los estridentes relinchos de su madre cuando veía que yo la sacaba del prado, pero en cuanto volvíamos y le quitaba el ronzal, salía disparada y se ponía a correr, a dar cabriolas y a presumir de su energía juvenil. Sin embargo, el día que sangré por vez primera, cuando me senté en el prado, destrozada, vino directa hasta mí, me rozó con el morro y no se movió de mi lado. Yo lloraba; ella apretaba su cara contra la mía. Aparte de la angustia, el recuerdo más nítido que guardo de ese día es la sensación de su pelaje y su cálida respiración en mi rostro mientras el mundo seguía su curso a nuestro alrededor.

Con el cambio de estación, Sugar y Yukon perdieron sus pelajes de invierno. Se quedaban paradas con los ojos entornados y el labio inferior caído cuando las cepillaba, y con cada pasada salía una cantidad de pelo inaudita… Sugar apoyaba su cabeza en mi hombro; el pelaje de su pecho relucía como fuego bajo la luz del sol. Yukon, junto a nosotras, acicalaba con el hocico los costados de su madre. Mis horas estaban preñadas de los rítmicos sonidos de las pasadas del cepillo y del vuelo, con la brisa ligera, de los mechones que se llevaban oportunistas estorninos, que lo reconocían como un magnífico material para sus nidos… Soy consciente de que uno de los motivos por los que no se separaban de mí era que aliviaba sus picores, pero había algo más. Estaban más presentes y se mostraban más pacientes y cariñosas. Y aunque obviamente no entendían mis palabras, no tengo la menor duda de que sabían que algo no estaba bien e intentaban ayudar. Durante aquellas semanas actuaron de una forma diferente. Yo necesitaba estar cerca de ellas, que el calor y la fuerza de sus cuerpos me confortasen.

Mucha gente me ha contado experiencias parecidas. Mis cuadernos de notas están repletos de historias de los profundos y terapéuticos vínculos entre personas y ponis. Brenda, una joven que ahora vive en la Escocia continental, habla de una yegua que, en su infancia, se convirtió en su compañera fiel. Un día, después de recibir una noticia complicada, fue a la colina y ella le puso la cabeza en el hombro, proporcionándole así cariño físico cuando más lo necesitaba. Ahora vivía en una ciudad y cada vez llevaba peor la falta de conexiones animales en su vida. Me describió lo sola que se sentía al no tener ya la opción de subir andando a la colina para pasar un rato con los caballos cuando las cosas iban mal. Las paredes de su casa estaban decoradas con fotos de sus ponis, e intentaba ir a las Shetland con frecuencia para mantener aquellos vínculos. Estar tan lejos de su tierra natal, y de los animales que la habitaban, era algo que con el tiempo le resultaba más duro de sobrellevar.

June me contó una de las historias más extraordinarias que recogí. Un día fue a la cuadra con un padre y su hija. La niña era ciega y a ella le preocupaba que los potrillos, que casi siempre se estaban persiguiendo alborotadamente por el prado, fueran demasiado bruscos. Cuando llegaron al prado, todos los ponis se reunieron a su alrededor. Con suma delicadeza, las yeguas y los potros arrimaron sus cabezas a la de ella, dejándola que los acariciara. Al cabo de un rato, las yeguas volvieron a lo suyo. Los potrillos, sin embargo, se quedaron con la pequeña y la guiaron hasta la puerta. June nunca los había visto comportarse así. Sin necesidad de que nadie se lo dijese, se habían dado cuenta de lo que necesitaba.

En Burland Croft, Mary me había presentado a los ponis más mansos. Tenía una caja de cepillos junto a una de las vallas del prado para que los acicalaran y yo misma cepillé a los que se habían congregado en torno a nosotras. Mary se fiaba de ellos al cien por cien: sabía que se mantendrían quietos y pacientes por más que los visitantes fueran torpes y ruidosos. En verano, mientras hacía las tareas del *croft*, le gustaba observarlos de lejos. Según ella, a los niños se les veía como «iluminados». Tanto a ella como a su marido les preocupaba la cantidad de tiempo que ahora pasan en espacios cerrados; muchos ni siquiera han tenido nunca el menor contacto directo con los animales... Me hablaron de varios jóvenes que habían visitado su *croft* durante años (algunos con necesidades especiales y otros con problemas en casa). Desde el primer encuentro, las interacciones con el terreno y con los animales ejercieron un fuerte impacto en ellos. Al fin y al cabo, se trata de vínculos naturales, creados a lo largo de siglos de convivencia entre niños y ponis: tradicionalmente, en las Shetland solían ser ellos quienes trabajaban con los potrillos de los *crofts* —entrenándolos y encargándose de la turba— y el primer poni de monta a menudo era de esa raza. Me dijo que la historia de tales relaciones había conformado a los ponis setelandeses de la actualidad, muchos de los cuales sabían «cómo estar con los niños». Nacen con la capacidad de entender y responder a las distintas necesidades y personalidades de aquellos con los que se encuentran...

Sentada con Sugar y Yukon, me acordé de que cuando, de pequeña, me sentía sola y asustada, me reconfortaba pasar tiempo con caballos. Recordaba lo fácil, lo natural que me había resultado comunicarme con ellos en un momento en el que, por lo demás, casi nada tenía sentido en mi vida. Y allí estaba yo, décadas después —con la cabeza hasta arriba de preocupaciones—, en el prado de los ponis, que era donde encontraba la paz... Pensé en las historias de los isleños —historias de amor y conexión, de experiencias compartidas entre especies— y en que al tratar de perpetuar esta raza equina, estaban buscando proteger también cualidades más intangibles como la empatía, la pertenencia y el apego. Tales atributos, un elemento básico de la comunidad, tenían un enorme potencial en muchos tipos de terapia. Ya se han vendido, por ejemplo, algunos ponis de las Shetland a centros de monta especializados en personas con necesidades especiales. La capacidad de estos animales para responder a la emoción humana es algo que ha surgido de la experiencia; no es que sus dueños se la enseñaran activamente o les adiestrasen para tal efecto. Se trata de una destreza que se ha ido desarrollando durante siglos a medida que cada generación —humana y equina— iba enseñando a la siguiente cómo vivir bien juntos en aquel lugar.

## Paisajes florecientes

Mientras escribía mi tesis doctoral, me di cuenta de que el tema de las historias no paraba de aflorar una y otra vez en los distintos capítulos. Me gustaban, en concreto, estas palabras de Anna Lowenhaupt Tsing:

> A lo largo de los últimos decenios, muchos estudiosos han demostrado que dejar entrar en nuestras historias solamente a protagonistas humanos no es un mero sesgo cultural, sino también una agenda asociada a sueños de progreso y modernización. Hay otras formas de construir mundos. Los antropólogos se han interesado, valga de ejemplo, por el hecho de que los cazadores de subsistencia reconozcan a otros seres vivos como «personas», esto es, como protagonistas de historias, y ¿cómo iba a ser de otro modo? Las expectativas de progreso, sin embargo, bloquean este enfoque: los animales que hablan son cosa de niños y de hombres primitivos... Nos imaginamos, silenciadas sus voces, un bienestar sin ellos. Los pisoteamos en aras de nuestro ascenso, nos olvidamos de que la supervivencia colaborativa requiere coordinaciones entre especies.

Para ampliar el ámbito de lo posible, necesitamos otros tipos de historias. Por ejemplo aventuras de paisajes…

Las historias, parte del tejido que conforma nuestro mundo, son generativas y modelan tanto nuestra realidad presente como los futuros posibles. Y, así, las de domesticación, las de convivencia entre humanos y animales… importan. Y mucho. Buena parte de los sistemas de conocimiento occidentales —la religión, la ciencia, la filosofía— se han basado en una separación clara entre el ser humano y la naturaleza. Las plantas y los animales se conciben en unos términos más bien mecánicos, en el sentido de que a ellos los gobierna una biología innata y responden a estímulos e instintos, en vez de concebirlos como seres sintientes capaces de entablar relaciones con significado. Ése es el contexto del que surgen los relatos tradicionales sobre la domesticación que yo cuestiono: unas historias, en cualquier caso, de humanos que controlan vidas animales, con independencia de que eso se celebre como un logro de la civilización o se deplore en cuanto esclavitud generalizada. El dominio y la violencia no tienen por qué formar parte de las relaciones de domesticación, pero están ahí con demasiada frecuencia. Y los relatos que dan a entender que son inevitables legitiman y normalizan tales prácticas explotadoras. Existen, en cambio, otras historias sobre vidas con animales domésticos; historias de amor y conexión del viaje con compañeros no humanos que pueden modelar nuestros mundos compartidos.

Se me quedó grabada en concreto una línea de la cita de Tsing: «Nos imaginamos, silenciadas sus voces, un bienestar sin ellos». Llevamos tanto tiempo contando historias sobre la excepcionalidad humana, sobre nuestra separación frente a animales y paisajes, que esas conexiones se están olvidando. En Reino Unido —al igual que en otros países—, las personas, centradas en la tecnología, son cada vez más urbanitas. Son escasos los adultos o los niños que pasan tiempo en entornos rurales o tienen la oportunidad de interactuar con animales en su día a día. Y aun viviendo en zonas rurales, los cambios en las prácticas agropecuarias comportan que haya menos ocasiones para ello. Estas separaciones —que guardan relación con sistemas económicos e ideológicos concretos que, de hecho, las imponen— nos aíslan de mundos a los que inevitablemente pertenecemos, cosa que nos lleva a ignorar la posibilidad de interacciones más que humanas y a no reparar en los modos en que esos mundos nos afectan, cerrándose a su vez la puerta a conexiones futuras. Y eso, ¿qué significa para los humanos, si nuestras identidades se modelan a través de nuestras relaciones con los otros? ¿Sufrimos sin entender el alcance de aquello a lo que estamos renunciando cuando nos desconectamos de unas redes de las cuales dependemos? ¿Y cómo podemos reinsertarnos de maneras que cultiven la posibilidad de un florecimiento mutuo?

Pensé en mi viaje a las Shetland. Mi infancia había estado preñada de animales y paisajes cuyas vidas e historias se me antojaban tan reales y tan vivas —cuando no más— como las de los mundos exclusivamente humanos, y los entornos salvajes a los que podía acceder solían ser donde más en casa me sentía. Los años de mi adolescencia fueron los de las aventuras con caballos, los baños en el mar y las caminatas y acampadas en la montaña. Mi separación no fue deliberada. Sucedió, sin más, que los empleos y el dinero me ataron a la ciudad y a una vida en la que tampoco es que fuese desdichada, pero sí era menos yo. No sabía qué buscaba en las Shetland, pero sabía que me faltaba algo. Y, mirando retrospectivamente aquella vida anterior, me pregunto si no me habría «sobredomesticado» a mí misma, como esos ponis de las Shetland que han perdido sus conexiones con el entorno, con el espacio…

Estar rodeada por el mar y los elementos, aprender sobre un paisaje y una comunidad donde conviven humanos y animales

—integrándome en ella yo misma—, me hacía sentir mejor de lo que hubiera imaginado nunca. De algún modo, a pesar de todo el ruido y el trajín de la vida urbana, supe escuchar y responder a una llamada y a un anhelo que ni siquiera terminaba de entender. Gracias a los ponis y las personas que los aman, aprendí sobre mí misma y sobre los tipos de mundos que es posible habitar. Y gracias a los compañeros del proyecto Arctic Domus y a su trabajo en el replanteamiento y en la reconceptualización de la domesticación, sentí una esperanza renovada sobre los tipos de vidas posibles y sobre lo que eso podría suponer en términos de sostenibilidad.

Aprendí, por ejemplo, que el dominio no era el principio básico de las relaciones de domesticación. Su fundamento era la *domus*, es decir, la «casa»: un hogar compartido que incluye miles de relaciones entre especies. La historia de vidas compartidas y de esperanzas en futuros positivos surgió de vínculos que se daban en el tiempo y en el espacio, y acabé entendiendo que la domesticación es una relación en curso y cambiante entre las personas y los ponis de las Shetland. Ambos viven y devienen con el otro, y sus conexiones conforman ideas de hogar y pertenencia. Yo oía historias —que en ocasiones se retrotraían varias generaciones— sobre la alegría que suponía dedicar tiempo a los ponis. A menudo los criadores calificaban las interacciones con sus animales de terapéuticas, refiriendo anécdotas donde éstos habían sido un elemento decisivo en la superación de situaciones complicadas. Pero a mí me parece que su contribución a la salud y el bienestar va mucho más allá de esos encuentros memorables. La experiencia de la vida cotidiana con los ponis alegra a las personas. Es una práctica que nos implica en las comunidades —humanas y no humanas— y nos conecta con una concepción más amplia de las historias de estas islas.

Los que trabajan en los *crofts* con las razas animales nativas —vacas, ovejas y ponis— no descuidan nunca sus conocimientos sobre las generaciones que vinieron antes y las que vendrán después. Reparan en los ritmos de las vidas de sus animales y aprenden con y de ellos. Estas destrezas derivadas de la experiencia —prestar atención, escuchar— son una práctica en construcción. Un dominio o un control excesivos podría perjudicar, sin pretenderlo, las relaciones futuras. A pesar de que en estas islas se han adaptado ya a multitud de situaciones, con la incertidumbre sobre el comercio y la agricultura a la que han dado lugar el Brexit y el cambio climático, sus habitantes quieren asegurarse de que tanto ellos como sus animales sobrevivirán. Preservar y adaptar destrezas tradicionales es una manera de mantener cierto grado de independencia en las Shetland, que garantizan unos paisajes habitables y sostenibles en el futuro.

Allí entendí la domesticación como una práctica consistente en cultivar un sentimiento de hogar y de pertenencia o apego. Un hogar que iba más allá de las paredes de la casa, haciéndose extensivo a los paisajes circundantes y a los animales que los poblaban. Así, estar en casa es formar parte de un paisaje vivo, sintiente y conectado, percibiendo cada día la fuerza y los mensajes del viento, abriéndose a una comunicación más que humana. Se trata de un hogar cocreado a través de relaciones de domesticación. Y estos vínculos se extienden manteniendo vivas las historias del pasado, conectándolas con las actividades del presente y creando y conservando sus modos de vida. Las actividades cotidianas —acicalar a los animales, echarles de comer, exhibirlos—, lejos de desarrollarse aisladas, se insertan en amplias redes comunitarias donde participan generaciones de humanos y animales (pasadas, presentes y futuras). Trabajar así, sentirse parte del lugar, contribuir activamente a la continuidad de ese modo de vida diferenciado... proporciona a los setelandeses un sentido y mucha alegría. En mi tesis doctoral recurrí varias veces al término «habitable» en relación con estas ideas: paisajes habitables para personas y ponis. En el apartado de la conclusión, se me coló una errata: en lugar de *liveable* («habitable»), escribí *loveable* («amable»). Pero, en realidad, en eso consiste: paisajes de amor en los que vivir. Amor por las Shetland, con sus agrestes y accidentados paisajes de terreno yermo rodeado de costas barridas por el viento. Amor por esa historia de independencia a pesar de la explotación, y de supervivencia contra todo pronóstico. Amor, cómo no, por los animales, quienes permitieron tal supervivencia y siguen conectando a la gente con la tierra y con la historia.

## El baile del cielo

Una noche de marzo, cuando me disponía a meterme en la cama, Robbie se plantó en la puerta de casa para avisarme de que había una aurora boreal increíble. Hacía frío y el viento estaba en calma. Caminé por el promontorio para evitar las luces de Vevoe. Mis ojos no se despegaban de las cortinas de luz verde que resplandecían sobre el mar. Estaban en constante movimiento y entendí de inmediato el nombre que les dan en las Shetland: *mirrie dancers* («bailarines borrosos»). Eran, en efecto, unos seres danzarines que se desplazaban por el cielo, con los contornos difusos por la velocidad con la que se movían y se fundían en la oscuridad. El resplandor verde argénteo se entreveraba con destellos de tonos rojos y anaranjados que se reflejaban en el mar. No sólo los veía, también los escuchaba: me hablaban con un chisporroteante siseo. De repente, oí otro sonido más terreno: el chapoteo de un sinfín de pezuñas en el lodo. Yoda, seguido de cerca por su rebaño, bajaba de la colina. Sentada, rodeada por la aurora boreal y las estrellas, con él a mi lado, me dejé llevar por la magia del instante. La ansiedad que había estado apesadumbrándome se disipó y supe que la próxima ecografía iba a estar bien, que había una vida nueva en mi interior a la que le mostraría las maravillas del mundo.

Empecé este libro compartiendo un momento en el que, caminando hacia Sugar y Yukon, sentí una intensa conexión entre lo que yo hacía y lo que otros habían hecho antes. Aunque recorrer la carretera hasta el prado de los ponis era mi pan de cada día, esa mañana fue distinto: mis pasos se sumaron a los de esas personas, separados sólo por la ficción del tiempo. A pesar de no tener aún una historia en las Shetland, era ya parte de esa tierra. Había asimilado el poderío de las generaciones anteriores, unas conexiones perdurables que traen alegría y una sensación de pertenencia y apego. E igualmente comprendía que el hogar es un proceso y que estar en un lugar, compartir nuestras vidas con otros que viven en él, nos hace ser quienes somos. Pensando en mi bebé nonato y en lo que iba a poder darle, me propuse no lamentar los vínculos que me faltaban y aprender a crear otros con sustancia, con peso, recordándole siempre que debía sentir la presencia de la tierra y el mar. Y escuchar el viento. Tal vez no echara raíces en aquel sitio —ni en ninguno—, pero ahora era más consciente de cómo se establecían las conexiones, estaba más abierta a las historias y dejaba que pasaran a formar parte de la mía propia y de la de mi nueva familia.

# EPÍLOGO

Con el rostro bañado en lágrimas contemplaba, sentada entre un mar de cajas, un diminuto cárdigan blanco con botones azules que Anna, la esposa de Lowrie, había tejido para mi bebé. Esa clase de regalo se entregaba, en condiciones normales, los días posteriores al parto, cuando los isleños daban la bienvenida al nuevo miembro de la comunidad, pero yo lo estaba guardando porque me iba de Whalsay... Mi doctorado no preveía una prestación por maternidad, y como no se consideraba una actividad laboral, tampoco podía optar a ninguna ayuda del Estado. Eso quería decir que, a los pocos meses de dar a luz, dejaría de tener ingresos... Nos mudábamos a la isla de Burra. Como está conectada con un puente a Mainland, los desplazamientos desde allí eran más ágiles, lo que aumentaba nuestras opciones laborales. Pero me daba tanta rabia tener que irme justo cuando estaba empezando a sentirme parte de aquella comunidad... Había varios niños en los alrededores de Vevoe y yo sabía que a nuestro hijo lo habrían acogido bien, que habría establecido vínculos de amistad y comunidad, literalmente, desde su primer día. Sin embargo, no me quedaba más remedio que cercenarlos sin haberles dado la ocasión siquiera de formarse… Pensaba en mis torpes intentos de incluirme en el vecindario, en lo inepta que me sentía… y, con todo, me habían aceptado, y yo comenzaba a sentirme en casa.

Conforme el día de la partida se acercaba, mis paseos por el promontorio se teñían de una nueva melancolía. Veía a Yoda cada día. A veces se quedaba con su rebaño y me miraba desde la distancia. Otras bajaba pegando botes, sacudiendo la cabeza de esa forma peculiar en que ya lo hacía de corderillo. Cuando le rascaba el cuello, cerraba los ojos, se ponía a rumiar y frotaba su testuz contra mi rodilla. Algunos días me acompañaba hasta la playa, donde comía algas y, en ocasiones, se tumbaba junto a mí mientras yo observaba, sentada, las idas y venidas de aves, focas y nutrias.

Cuando contaba que me mudaba, la primera pregunta que me hacían era qué iba a pasar con Yoda. Éste tenía, en efecto, dos opciones, y yo, como su dueña que era, debía decidir por él. Había recibido varias propuestas de casas donde se le incluiría en prados de atendidísimos *caddies*. La otra posibilidad, que fue la que elegí, era que se quedase donde estaba, donde era feliz… y donde un día lo sacrificarían para comérselo. Durante mi investigación le había dado muchísimas vueltas al asunto de la interacción entre los conceptos de autonomía, amor y respeto. Pues bien: ¿en qué había de traducirse aquello en el caso de Yoda, de su futuro? Los criadores lamentaban cierto tipo de relación que infantilizaba a los animales, fomentando la dependencia y limitando sus oportunidades. Esa falta de respeto hacia la autonomía del animal, aunque no sea cruel en un sentido físico, inhibe sus comportamientos naturales y excluye que se forje una relación entre el humano y el animal basada en la confianza y el respeto mutuos. Eso podía extrapolarse a lo que yo sentía hacia

Yoda. Ninguno de los prados de *caddies* me parecía apropiado. Se veía a todas las ovejas muy bien cuidadas y contentas, sí; pero digamos que sus dueños no estaban «en el ajo», no las entendían. ¿Habría sido justo limitar la vida de Yoda, aunque fuese para prolongarla? ¿Sería él feliz en un pradito cuadrado, habiendo conocido la libertad de vagar a su aire por amplios trechos de colina y costa?

A mi corderillo abandonado de cuatro días —con aquellos ojazos y aquellas rodillas huesudas— le daban pánico las ovejas, pero, a fuerza de tiempo y de amor, se integró en un rebaño. Frotaba su hocico con los de sus congéneres, a los que acicalaba y por los cuales se dejaba acicalar; se enredaba con ellos en juguetonas peleas y los seguía para refugiarse tras taludes de turba en caso de tempestad. Se había sumado a un grupo de seis ovejas que solían separarse del rebaño principal para ir en busca de sus propias aventuras. Estaba orgullosa de él: había aprendido a convertirse en una oveja. Y, en muchos sentidos, su viaje me había ayudado a sentirme parte de la comunidad, conectada a través de la experiencia compartida de hacerme cargo de un *caddy*. Era imposible saber qué habría elegido él, pero le veía sano y contento y no tenía intención de privarle de la independencia que con tanto esfuerzo se había ganado.

Aún le quedaban varios años de vida libre en el promontorio hasta que llegara su día, y sé que era muy afortunado desde múltiples puntos de vista. Al fin y al cabo, como cordero macho criado para la industria cárnica de Reino Unido, de no haber sido abandonado por su madre y haberse convertido en una mascota alimentada con biberones, habría llegado su hora en el otoño de su primer año. Cuando llegue el momento, sé quién se encargará. Sé que esa persona será respetuosa y que Yoda no sufrirá. También sé que, de algún modo, eso no es muerte: es la continuación de la vida del *croft*… En otoño a algunas ovejas las llevan con el carnero; y los carneros castrados de más edad van al congelador para dejar espacio a los corderos que nacerán en primavera. Cuando llegue el momento de Yoda, su carne alimentará a familias que llevan generaciones teniendo ovejas en sus tierras. El rebaño y la familia seguirán viviendo juntos, entrelazando sus vidas en aquel abrupto y bello paisaje.

En mi último día en la isla, mientras miraba el mar, me detuve en los detalles de la roca en la que me sentaba. Estaba cubierta de liquen y tenía largas vetas de cuarzo y un vislumbre de fulgor dorado (pirita probablemente). Con hondas grietas, de su erosionada superficie crecían clavelinas de mar. La hierba que me rodeaba se veía verde desde lejos, pero yo sabía que entre sus briznas anidaban diminutas flores de pétalos amarillos, azules y rosas. A mi alrededor se escuchaban los sobresaltados trinos y gorjeos de los ostreros, distantes primero y más cercanos después (cuando ya volaban en círculo en lo alto). Recorrí con los ojos la costa, buscando qué los había alborotado así y con la esperanza de atisbar una nutria.

De repente se alzó desde el agua el canto de las focas y, sumándose al mar y al cielo, su música conectó mi cuerpo con el mundo. En mi interior, la vida pataleaba con fuerza: mi bebé respondía a la canción del mar… Me pregunté cómo sonaría para él. ¿Estaba contestando a las focas o a mi reacción hacia ellas? ¿Cuánto entendía él del mundo del que pronto iba a formar parte? Del que ya formaba parte —me corregí—, porque él estaba allí, dentro de mí. Rohan, mi niño, llamado así por el serbal (*rowan tree*), un símbolo de protección inmemorial cuyos frutos rojos son indicio del otoño escocés. Y en ese otoño lo iba a conocer por fin…

# AGRADECIMIENTOS

En primer lugar, quisiera dar las gracias a los dueños de *crofts*, criadores de ponis y vecinos que participaron en mi investigación. Todos ellos me recibieron en sus casas y me dieron la oportunidad de pasar tiempo con sus animales. Su calidez y generosidad fue abrumadora.

Tuve la suerte de realizar mi trabajo sobre los ponis como alumna de doctorado con el proyecto Arctic Domus de la Universidad de Aberdeen, y me gustaría dar las gracias a mis directores de tesis —el profesor David Anderson y el doctor Robert Wishart— por tantos consejos, tanto apoyo, tanta paciencia y tantos ánimos a lo largo del proceso. Formar parte de semejante proyecto me puso en contacto con investigadores dedicados a una serie de ámbitos fascinantes. Al incorporarme a aquel grupo, pensaba que tamaña concurrencia de estudiosos resultaría intimidatoria, cuando lo cierto es que no podría haber deseado un grupo más benévolo y alentador…

Estoy muy agradecida a Jenny Brown, mi agente, que creyó en este libro desde el primer momento y me apoyó durante todo el proceso de desarrollo y publicación. Gracias asimismo a mi editora en Rider —Bianca Bexton— por sus consejos, su apoyo y sus ánimos, así como por hacer del viaje hacia la publicación una experiencia francamente positiva.

Y mi mayor gratitud es para mi familia, sobre todo para mis hijos, Rohan y Finn Mercer, quienes se me sumaron en este viaje. Los dos habéis llenado mis días con entusiasmo, alegría e inspiración... Gracias también a Steve, mi esposo, por todo su apoyo y por su disposición a acompañarme en esta aventura setelandesa. Gracias por supuesto a mi padre, Robin Munro, por inspirarme el amor por los libros y la lectura desde mi más tierna infancia y por interesarse tanto por esta obra y ofrecerme su consejo y su apoyo. No habría sido capaz de hacer esto sin ti... Gracias igualmente a mi madre, Moyra Martineau, por sus inspiradoras historias sobre las islas del norte. También estoy muy agradecida a los no humanos, en especial a Sugar, Yukon y Yoda, que tanto impacto tuvieron en mi vida tanto académica como personal.

*Los ponis de los confines de la Tierra* es el cuadragésimo sexto libro de la colección Libros salvajes. Compuesto en tipos Dante, se terminó de imprimir en los talleres de KADMOS por cuenta de ERRATA NATURAE EDITORES en octubre de 2024, casi dos milenios después de que el historiador romano Gayo Cornelio Tácito nos relatara en *De vita Iulii Agricolæ* (el primer libro que pudo escribir el hombre sin miedo a acabar malogrado, pues un año antes había fallecido, por fin, el déspota Domiciano) cómo «una flota romana, navegando por un mar bravío, remoto y desconocido pudo demostrar que Britania era una isla y, de paso, descubrir y conquistar las islas que hoy llamamos Orcadas, e incluso avistar Thule», siendo este último topónimo la denominación que los cartógrafos griegos y romanos daban a las que consideraban las tierras más septentrionales del planeta, o sea, el fin del mundo, aunque en realidad lo que vio aquella flota romana fue la costa de Mainland, perteneciente a las islas Shetland, que si bien no es estrictamente el confín de la Tierra, en ciertos días de tormenta se le parece realmente mucho.